東海オンエアの動画が

6.4倍楽しくなる本・極

虫眼鏡の放送部

エディション

はじめに　虫眼鏡部長からの連絡事項

R.N.（ラジオネーム）虫眼鏡の放送部部長の虫眼鏡

虫眼鏡の放送部員の皆さん、こんばんは。虫眼鏡と申します。

いつも虫眼鏡の放送部にたくさんのお便りを送ってくださり、ありがとうございます。

皆さんからのお便りのおかげで、僕は他のメンバーのように個人チャンネルのネタに悩むこともなく、週に2度くらいの更新ペースをキープすることができています。そして、ラジオ配信で採用するしないに関係なく、皆さんがウホウホ言いながら必死にしたためてくれた文章を毎週楽しませてもらっています。


部員の皆さんに一言言っておきたいことがあり、まえがきを書かせていただきました。

今この本を手に取ってまえがきを読んでくださっている皆さんは驚かれるかもしれませんが、実は私虫眼鏡、「東海オンエアの動画が6・4倍楽しくなる本・極 虫眼鏡の放送部エディション」を出させていただくことになったんですよ！

前シリーズ（？）の『東海オンエアの動画が6・4倍楽しくなる本 虫眼鏡の概要欄』がいい感じにまとまり、「これで概要欄ちょっとサボれるやん！」「これで僕の作家人生（笑）も終わりか！4冊も出したら十分だろ！」と思っていたのですが、講談社さんから「ラジオでけっこういいこと言ってるみたいじゃないですか～これは本にできますね（意訳）」みたいな話を持ちかけられ、個人活動（ただの承認欲求なのかもしれない）に飢えていた僕は、二つ返事で「ですね！」と答えてしまいました。

そこからとんとん拍子に話は進み、唯一の問題点だった「虫眼鏡が送られてきたメールを読み終わると同時に消してしまうため、送ってくださった方に掲載許可を取るための連絡先がわからない事件」も部員の皆さんのご協力でどうにかこうにかして、「あとはまえがきとあとがきを書いたら本になりますよ～」という段階まで進んでふと思いました。

「これは僕が書いた本と言えるのだろうか？」

今まで出させていただいた4冊は、曲がりなりにも僕がカタカタとキーボードを叩いて生み出した文章の集合体でした。他のＹｏｕＴｕｂｅｒが出してる本みたいに、インタビューだけしてあとは誰か別の文章書くの上手い人がいい感じに仕上げたものとは違うんだぞという自負があります（なお虫眼鏡の偏見であり、事実とは異なる可能性があります）。

しかし今作は違います。
虫眼鏡、１人でＰＣに向かってただ喋（しゃべ）ってただけ。
なんならこの本の半分くらいは部員のみんなが書いてくれた文章。

これは果たして「虫眼鏡が書いた本」と言えるのでしょうか？
偉そうに「本出ました！」ってツイートしていいんでしょうか？
お渡し会で「買ってくれてサンキュ！」とかカッコつけていいんでしょうか？

部員の皆さんだったらどうしますか？　ご意見いただけるとうれしいです。

Ｐ.Ｓ.でもまぁさすがに僕の本か。がんばったしな。

目次

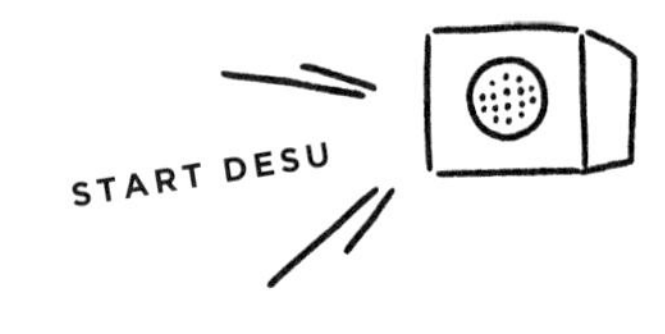

注・本書に掲載されているお便りと回答はすべて虫眼鏡氏の結婚発表前のものです。

CHAPTER.1

放送部員の恋愛相談室

OTAYORI

01

ラジオネーム「さつまいもまいも」さんからのお便り

虫眼鏡さん、こんばんは。これは本当に虫さんに相談したいというか聞いてほしいです!!

私は24歳と1週間で初めて彼氏ができました!

そんな彼は優しくて思いやりがあって、色んなことを教えてくれる、同じ職場の5歳上です。

彼は高校生の頃に彼女がいて以来、彼女がいなかったらしいのですが、交際慣れしてないのか、お勘定に違和感があります。

彼が車を出して遠くに連れて行ってくれた時に、私は当然の如く駐車場代を出さなきゃと思って3000円渡したのですが、無言で自分の財布を渡して、入れておいてと言わんばかりです。私はせめてありがとうと言ってほしいと思いましたし、普通自然に出るものでは?? とモヤモヤしました。私も初めて彼氏ができて慣れてなかったのが良くなかった部分はありますが、その後の軽食もほぼ私が出してあげたけどお礼がない。私の事財布だと思ってるん???? と気分が悪くなってきたし、悲しくなりました。

ただ、一緒に遊んでて楽しかったし、悪気はないんだろうけど、こうやって自然にお礼が言えない人ってどうすればいいんでしょうか。一度、「ありがとうは言ってほしい」とは言いましたが、不満を全て言えたわけではないので未だにモヤモヤが

放送回

虫も殺さないラジオ　#24

少しあります。彼がタバコを吸いに行ってる間に私は列に並んで軽食を買ったのにありがとうも無い。悲しすぎてしばらく何もできませんでした。

私は、男が奢って当然でしょ！　って考えではないのですが、多少年上の男だし、私がお金出そうとしても、「いいよいいよ」って少しは遠慮するものだと思ってました。彼曰く、私がお金を出したから、（あ、出してくれるんだ……）みたいな心境になって何も言えなかったらしいです。この事を言う時に緊張して何て言ってたかあまり覚えていません……。

長くなって申し訳ないのですが、虫さんは、付き合ってる男女のお勘定についてどう思いますか？　基本割り勘で良し、男が出すべき、などのご意見が欲しいです。

あと友達が言うには、ラブホ代は男が出さなきゃダメだよ！　と言ってました。

そしてこの私の出来事についてどう思ったかお聞きしたいです……。

今このメールを読んで、「（あ、出してくれるんだ）みたいな心境になって何も言えなかったらしい」、というところだけはちょっと共感できるというか。交際に慣れてないから緊張してうまく対応できなかった、という可能性はちゃんと考えてあげてください。

それを踏まえても僕は男が全部出すべきだと思います。男の中でどっちがかっこいいの？　って思った時に、僕は「俺が全部出すよ」って言ってくれる男の方がかっこいいなって思っちゃうんです、自分が女だったら。お金さえ出せばちょっとかっこつけられるんですよ。そんな所って他になかなかないじゃないですか？　ヤンキーに囲まれている時に「俺の女になに手を出してるんだよ！」って言ったらかっこいいですけど、そんな状況なかなかない。お金を代わりに出してあげるよっていう場所って、男からしたら結構簡単にかっこつけられる場所なんですよね。だからそういう小さなかっこつけられる部分で彼女にいいところを見せようってできない人は、多分本当にヤンキーに囲まれた時も助けてくれないんじゃない？　って僕は思ってしまいます。

それっぽいこと言っちゃいましたけど、自分の彼女といっても別に一生自分と付き合い続ける約束をしたわけじゃない。一応付き合ってはいるけどそれって結婚相手にこの人がふさわしいかな、ふさわしくないかなって選んでる期間なので、彼女にもまだ選ぶ権利があると思うんですよ。その彼女に「金出してくれる人の方が男気があっていいな」、って思われないようにするためにも、せめてそこはかっこつけておく。少なくとも僕はそうありたいなというふうに思います。それで女の子が引け目を感じちゃうというのであれば、たまにお菓子を作ってくれるとか、遊びに来る時にケーキ買ってきたよとかそういうところで返してくれればいい。わざわざ変なルールを決めずに、ご飯代とかホテル代とか遊園地代くらいまとめて出してやればいいじゃない、と男として思ってしまいます。しかも5歳年上ですよね？　男同士でも年上が出しますからね。もしかしたらこういうのは古い考えなのかもしれないけど、これは子供に伝えていってもいい古い考えかなと僕は思います。

適当なことを言ってしまっては失礼かもしれませんけど、ありがとうが言えない人ってのは僕はちょっと怖いなって思ってしまいます。多分そんなに長いお付き合いではないと思うんですけど、そんなに長くはない期間なのに「私のこと財布だと思ってるん？」と気分が悪くなってきたっていう事件が起きてるということは、長く付き合ってきてちょっと落ち着いてきた時とかに大きな喧嘩とかしちゃいそうだと思うので、今のうちに彼氏の人格をもうちょっと見極める必要があるかもしれませんね。結婚しちゃった、子供出来ちゃった、ってなってからやっぱりこの人無理だわ、っていうのが一番無責任だと思うので。最初に言いましたけどお互い慣れてないからという可能性もありますので、そこは早とちりしないようにさつまいもまいもさんの健闘をお祈りしております。

OTAYORI

02

ラジオネーム「匿名希望」さんからのお便り

虫眼鏡さん、こんばんは。いつも楽しくラジオ拝聴しております。虫眼鏡さんに話を聞いてほしくて、初めてお便りを送らせていただきます。ラジオを全て聞けているわけではないので、既に同じような質問に答えていらっしゃったらすみません。

私は大学4年生です。付き合って1年半（遠距離がはじまって8ヵ月）になる彼氏がいるのですが、昨日私の誕生日だったのを忘れられてしまいました。彼は今欧州の方へ留学中なので、時差もあるし後で連絡来るかな？　と気にしつつ、一日がすぎてしまいました。日付が変わってから来たＬＩＮＥは、私が前に送っていた他の話題への返信だけでした。内心すごく落ち込んだのですが、会えない距離にいる時にケンカしたくないし、物分かりの良い彼女で居たいと思い、「忙しくて忘れてると思うんだけど、昨日私の誕生日だったんだよ！」と精一杯かわいく送りました。すると、「あーーーごめん……今忙しいから、今度電話する時にお祝いするね……」と返信が来ました。

私は一言「おめでとう」とだけ言ってくれれば嬉しいのになぁと思い、今ももやもやしています。

彼は時差がある中で昼夜逆転しながら、就活も頑張っていて、最近はオンライン面接とその対策で忙しいことは私も頭では分かっていますが、彼女の誕生日を覚

放送回

ふつおたのはかば　#89

えていて一言ＬＩＮＥするくらいはできるんじゃないのかな？　と感じてしまいます。

そこで虫眼鏡さんに質問です。

1．男性は彼女の誕生日をあまり気にしないんでしょうか？

2．虫眼鏡さんは遠距離恋愛をしたことがありますか？　離れている時に自分の気持ちをどのように伝える、もしくは我慢すればいいのでしょうか？

長々とすみません。答えていただけたら嬉しいです。

これからも応援しています！（私の彼も東海オンエアが好きなので、帰国したら一緒に岡崎観光しようねと話しています！）

1．普通の人は気にすると思いますけど。でも間違えたことはありますよ。間違えたっていうか、この日付だったと思うんだけど合ってる？　って言ったら、違うよって言われたことがあるというくらいですね。

2．遠距離恋愛かなー？　っていうのはあるけど。

なんか持論になってしまうんですけど、遠距離恋愛ってどう転んでも恋愛が1番手になることはなくない？　何に代えても彼氏彼女のそばにいたいって思うのであれば、そもそも遠距離という選択肢を選ばないじゃないですか。多分ほとんどの人は恋愛は恋愛で大事なんだけど、またそれとは別に自分の夢があるからとか、仕事的に難しいとか理由があって、天秤にかけた時に恋愛より重いから、一旦恋愛は2番手ということで我慢だねっていってそっちを優先して、遠距離になってるわけじゃないですか。だから特に一緒に住んでるわけでもなく、お互いの一番大事なことを優先して、自分で選んで遠距離をしてるのだから、僕は1番手の理由のせいで2番手がおろそかになっちゃうのはしょうがないんじゃないのかなとは思う。だから彼が留学先で頑張ってて、就活も頑張ってて、ちょっと最近は電話する時間ないなぁというのであれば我慢するしかないというか、頑張れって言ってあげるしかないかなと思うのだけど。

「すまんな。ちょっと飲み会行ってましたわ」とか、「ゲームしてましたわ」とか、そういう理由で疎かにされたら、「それよりは優先してよ」くらいは言ってもいいのかなとは思いますけど。

でも僕は何も言わないだろうな。今だからこそそう思うだけなのかもしれないけど、お互い生活をしてて、一日に何万個と選択をしてるんだよね、確か。その選択肢の中の1個に自分がいればいいかな、というか。完全に忘れられてなければいいかなとは思うし、久しぶりに会える時にすごい楽しみにしてくれてたとか、嬉しそうにしてくれたとか、そういうので割と僕は回収できるかなあ。

とはいえそれは人によりますし、大学4年生だからまだちょっとベタベタしたいよーっていう時期だと思うので、全然素直に「寂しいけど」って言ってもいいんじゃない？　少なくとも言われて嫌だなと思うことはないので。それと普通に誕生日を忘れているのはないなって思う。

一つ彼氏をフォローすると、「忙しくて忘れてると思うんだけど、昨日私の誕生日だったんだよ」って先に指摘されてしまうと、「あーごめん。忘れてた。おめでとう」って言いにくくなるかなと思います。「あ、忘れてしまった。こちらのミスだ。じゃあせめて改めてしっかり祝いなおそう。今できる限りの範囲でちゃんとお祝いするのが筋だ」というふうに僕は考えるから。その場で「ああそうだったね。おめでとう」って仮で押さえておく、みたいな対応はあえてしていないのかも、という可能性も感じました。

OTAYORI

03

ラジオネーム「ずー」さんからのお便り

虫さん〜。虫コロラジオ、第1回から欠かさず聴いてます。通勤の楽しみをいつもありがとうございます。

先日の第190回の虫コロラジオで「旦那が太っていびきがうるさくて嫌悪感がすごい」という内容のお便りがありましたが、私にとってはタイムリーな話題すぎて、聴きながら旦那さんサイドとして涙しました。気持ちの整理のためにも、長いですがお便りを送らせてください。

私は現在28歳の女です。今年の夏まで3年間付き合っていた彼氏がいましたが、結婚のビジョンが見えず。そんな中で、大学時代から5年間付き合っていた元元カレの存在が私の中で大きくなり、もう全てをリセットしたくて別れを告げました。

そんな状況で、特に期待はせずなんとなくマッチングアプリをはじめてみました。

そして、はじめたその日に連絡を取り始めた2歳年上の男性に、運命かと思うくらい強く惹かれました。

毎日LINEや通話をする中で、知識や経験の引き出しが多く本当に話していて飽きないし、価値観や趣味、好みなど共感出来る部分がたくさんあり、私のこともたくさん褒めてくれるので、自己肯定感も爆上がりし、日常生活に色がついたように生きるのが楽しくなりました。そして、連絡を取りはじめてすぐに、「この人と結婚したい」と人生で初めて思うようになりました。

放送回

ふつおたのはかば　#108

相手も私のことをすごく好いてくれて、初めて会ったその日に告白され、お付き合いがはじまりました。お互いが住んでいる場所は少し離れていたのですが、週末は毎週のように会い、車で遠くに出かけ、予約してくれた旅館に泊まったり、お互いの家で料理や読書をしてのんびり過ごしたりと、本当に幸せで順調なお付き合いがはじまりました。

と思っていたのですが、付き合いはじめて1ヵ月半ほど経った頃、電話で「言うの迷ったんだけど、いびきがうるさすぎて……。一緒に寝た次の日はだいたい寝不足だし、朝起きられない。それで、冷めたというか。でも、それ以外に嫌なところはないし、こんなことで別れたりするのはしょうもなさすぎるとは思う。でも、僕はどうすればいいか分からない……」と打ち明けられました。

確かに私は、あごが小さく、太っていなくても、その骨格のせいで小さい頃からいびきの音がかなり大きいです。元彼たちからも指摘はされていましたが、それで冷められたのは初めてです。

そしてその日から、今まで一日に何通もしていたLINEのやりとりは1日1～2回ほどに減り、電話も忙しいからと断られる日々が続きました。

一方、どうしても彼と別れたくない私は、彼をモヤモヤさせてしまっている原因であるいびきさえ治せば……と思い、電話で打ち明けられた次の日には耳鼻咽喉

OTAYORI

03

科に行き、相談しました。やはり骨格のせいである可能性が高いので、寝ている時の気道を広くするため、歯医者でマウスピースを作ってもらうことを提案されました。すぐさま次の週に行きつけの歯医者でマウスピースの相談をしましたが、現在虫歯の治療中なので、治療が終わってからでないとマウスピースは作れないとのことでした。

しかし私は諦めず、次に彼と会う日に備えて、市販のいびき用マウスピースを購入しました。そして、私の家にはシングルベッドしかないので、離れて寝られるように布団も1セット用意し、それでも彼が寝られない時用に耳栓も用意しました。

そして、カミングアウトの電話のあと初めて会う日を迎えました。仕事終わりに会いに来てくれた彼のために大好物のオムライスを作って出迎え、いい雰囲気ですることも済ませ、その日は別々の布団で寝て、平和に朝を迎えました。

ただ、次の日彼とバイバイした後に思い返すと、やはり溺愛してくれていた今までとは明らかに彼の態度が違いました。いつもデートの計画を立ててくれていた彼が、今回はノープランで私の行きたい場所へ行っただけ。「好き」とも言ってくれてないし、帰りも早い時間にあっさり。しかも、会った日は私の誕生日の直前だったのですが、特にお祝いなどもなく、誕生日当日も「おめでとう」というＬＩＮＥのみ……。今も、一日に1回ほどのＬＩＮＥのやりとりのみが続いています。

今さらいびきを治そうと、彼の喜ぶことをしようと、もう冷めてしまった彼の心は取り戻せないのだろうと絶望に襲われています。

何か私が悪いことをしたわけでもなく、太ったわけでもなく、私にはどうしようもない理由で、本気で大好きな相手に冷められてしまったのが本当に悲しいし悔しいです。最初は「可愛い、本当に可愛い。全てが好き。いびきも聞いてみたい」と言ってくれていた彼に冷められたことで、もう女としての自信も無くなってしまいました。私はいびきのせいで恋愛も結婚もできないのかと思うと絶望です。思い出すたびにため息が出ます。

それでも彼にすがりつきたい気持ちでいっぱいですが、アラサー女の貴重な時間をもう無駄にはできません……。断腸の思いで、今度会った時には今後の関係についてはっきりさせようと思っています。

長くなってしまいましたが、ひとつ言えることは「市販のマウスピースは私にはほぼ効果はなさそう」ということです。何をしてもいびきはうるさくて、詰んでます。いびきに気づかないくらい眠りの深い人と出会える場所知りませんか？

最近寒くなってきたので、虫さんも体調に気をつけて過ごしてください！　東海の動画見て元気出して生きていきます！！！　東海はいつでも私を裏切らず、支えてくれるから最高です！！！

参考までに、マウスピースつけた日の私のいびきアプリのスクショ添付します。

虫さんも彼女のいびきがこんなのだったら冷めますか？

（実際のいびきの音声記録を聞いて）かなり激しいところの音声を送ってきてくれたみたいなんですけど、別にそんな気にするほどのことなんですかね？　僕もいびきをかく人と一緒に寝たことありますけど、僕、普通に寝れちゃうんですよ。ずーさんのいびきは結構周期的だったから、なんかむしろ心地よいというか。急に息が止まったりとか、タイミングをずらしてくるみたいな、テクニカルなタイプの人のいびきは気になってしまうんですけど。

まぁでも神経質な人だったら、横で常に音を発生し続けるものがあったら寝付けないんだろうね。僕はＹｏｕＴｕｂｅｒだから、撮影の日以外は自分で仕事する時間は決めれるし、朝から晩まできっちり決められた時間で働いている人と比べたら、「寝れる時に寝ればいいか」くらいのテンションの人だっていうのもあるけど、そうじゃない人にとっては貴重な休息の時間だから、彼氏さんもずーさんが悪いことしてるわけではないと理解しつつも言わなきゃいけなかったんですよね、自分のために。

やっぱりどちらかが我慢してるお付き合いというのは不健全だなと思うので、彼氏さん側もしょうがないことだと思いますし、それで嫌われたくないと対策をすぐ講じたずーさんも立派だったと思います。しかしいかんせん相性が良くなかったのかもしれません。ずーさんもおっしゃってましたけど、いびきに気づかないくらい眠りの深い人と出会うか、ずーさんと同じくらいいびきがでかい人か、それかずーさんのいびきの波と逆の波長のいびきを発生させる人で、それで二つのいびきが打ち消しあってノイズキャンセリングみたいな感じで無音になって二人とも気持ちよく寝られちゃうみたいな、そういう人のほうが相性としてはいいかもしれないですよね。

いびきは一応病院に行って改善するものだとは思うんですけど、体質みたいなところもあるじゃないですか。言うたら身長と一緒だと僕は思ってて。僕は身長がいくぶん低いわけですけど、「私は身長低い男の子も結構好きだなー」って思ってくれる人としかやっぱり付き合えないじゃない。たまたま僕がアプリで、「私絶対高身長じゃない人は無理だわ」っていう女の子とマッチングしてしまった場合、実際に会ってみて「あ、高身長じゃないんだ」ってなったら、その瞬間に「あ、違いました」ってなるじゃない。

メールを読む限り、かなりのハイペースで仲を深めていったように感じたので、そのせいでちょっと心に来ちゃったのかもしれないですよね。僕は使ったことないのであんまり心を込めて言えませんけど、アプリで出会いを探す人はもうちょっと強いメンタル持って使った方がいいかなと個人的には感じてしまいました。いい人を見つけられるように頑張ってください。

OTAYORI

04

ラジオネーム「韓国コスメオタク」さんからのお便り

私は高1から20歳まで5年間付き合っていた元カレがいました。本当に大好きだったので、別れる時も別れた後もかなり引きずりました。彼とは別れてから一度も会っていないし、連絡さえ取っていません。

何と今日、その元カレが1年ほど前に結婚して、今月末に子供がうまれるということを同期会で知りました。彼は来ておらず、彼の親友がサラッと話していました。

もう5年も経っているし、何なら私にも彼氏がいます。でもやはり衝撃は物凄く大きいものがありました。動揺して何も言葉が出てこなかった経験をしたのはこの瞬間だけです。

私の事を心から愛してくれるとっても優しい彼氏がいるのに。ちゃんと元カレのことを忘れて、今の彼が大好きなはずなのに。

それでも、人生で一番好きになった人だったんだと改めて気付いてしまいました。

今でも、夢に出てくるのは元カレなんです。どう頑張ってももう戻ることはないし、そんなことは望んでいません。家族を大切にしてほしい。

でも私は、もしかしたら生涯この気持ちを背負っていかなきゃいけないのかと思うと辛いです。いつか何も思わなくなる日は来るのでしょうか？　辛口でもどんな意見でもかまいません。虫さんや、リスナーさんのご意見が聞きたいです。

放送回

虫も殺さないラジオ　#188

25歳ということで、多少恋愛に関しては落ち着いた考えを持ち始められる時期だったりするのかなって思うのだけど、だからこそ言葉に重みがあるよね。僕もこのメールにはすごい共感できる。僕も今まで彼女が6人とか7人とかいましたけど、今でもたまに思い出すのは1人だけです。なんでなんだろうね。ちゃんとその時その時の僕はその当時付き合ってる彼女のことが一番好きだったし、今でも思い出しちゃう元カノがとんでもなく思い出深いとか、何か特別なエピソードがあるわけでもないし。あまりにも可愛すぎたとか、あまりにもスペックが高すぎてもったいなかった、とかでもないんだけど、なぜかその子なんだよね。一応その彼女は今まで付き合ってきた中で一番長く付き合ってはいたんだけど、でもやっぱ別れてるんだよね。今でも心が弱った時に「ああ、あいつだったか、僕の運命の人は」とかちょっと思っちゃったりすることあるんだけど、やっぱりその当時は何かしらもう一緒にいたくないと思う理由があったんだろうね。

　韓国コスメオタクさんと元カレさんは、2人の合意のもとでお別れしてるわけじゃないですか。そこでね、別れてもいいやって一回は思ったでしょ。それでも後から思い出してみると、「あの人だったんだ」っていうふうになっちゃうんですよね。

　これみんなそうだよねって言うつもりはさらさらないけど、今まで付き合った人を思い出してみた時に、「なんかいい人なんだよ。一緒にいたら楽しいんだよ。結婚するならこの人なんだよな」っていう、頭で恋愛して付き合った人と、「なんでかわかんないけど、マジで好きなんだよね。もうずっと一緒にいたい！　その人のためなら多少他のことを犠牲にしても構わん！　クズと言われてもいい！」っていう、なんか心でというか、本能で好きになってしまった人の2パターンいない？　それで、大人になればなるほど仕事とか始めたら出会いも少なくなるし、どっちかって言うと頭でする恋愛の方が多くなってくる気もするんよ。だからこそ、過去の「この時の私はマジで脳じゃなくて心で恋愛をしていた！」っていう人のことをたまに思い出したら懐かしくなったりするのかなって僕は思った。

なんか不倫とかする人もそれなんじゃないのと思ってて。結婚して家族があって、基本的にはもう恋愛はおしまいというか、この先はずっと自分のお嫁さんと子供を大事にして生きていこうって思ったところで、ふとこの心で愛してしまう人が現れるわけですよ。頭でする恋愛だったら否定できるんですよ。「いや私は既婚者だし、そういうことをしたら社会的にも許されないのはわかっていいます。なのでこの人は私の恋愛相手ではありません」って。

でも、心は何かちょっと理屈じゃどうにもならないところがあったりするじゃない。それで不倫しちゃってんじゃないかなと思って。だって誰がどう頭で考えても不倫しない方がいい。そんなのわかってるのにしちゃうんだろうね。

それで、これは僕も知りたいくらいなんだけど、どっちと結婚したらいいんだろうね。溺れるような恋をして、そのまま結婚！　ハッピーエンド！　っていう人生の方が幸せなのか？「この人だったらうまくやっていけると思う。一緒にいて楽しいし幸せな家庭が作れると思う。そろそろタイミングかな、結婚してください」っていう人生。どっちが幸せになれるんだろうね。もちろんその両方を兼ね備えている人もいるだろうし、それがベストな選択肢かもしんないんですけど、ベターで、って言ったらどっちなんだろうね？

僕は個人的には意外にも心寄りなんですよね。どうしようもないくらい好きになってしまった人と結婚した方がなんか幸せかもって思ったりするんで。韓国コスメオタクさんにそんなこと言ったら「クソ!」って思うかもしれないけど、その当時は気付けないからね。でも今韓国コスメオタクさんには彼氏がいて、その彼氏はすごく優しいし、私のこと愛してくれるし、ご自身も今の彼が大好きって言ってるから、別に今の境遇に特に不満はないと思いますけど、それでもそういう気持ちを背負っていかなきゃいけないのか。いつか何も思わなくなる日は来るのか。果たしてどうなのでしょうか。

でもそんなにいけないことですかね? それって。過去の恋愛経験って、「うわ! これもったいなかったな」って思う何かがあるからこそ、自分が成長しようっていう気持ちになるんじゃない?「あの恋は成就できなかったけど、私はその人と結婚した世界線以上に幸せになってやるぞ」っていう気概があれば頑張れる気がする。だから僕は必ずしも忘れなきゃいけない思い出だとは思わないですけどね。

あえて失敗っていう言葉使いますけど、過去の恋愛の失敗をなかったことにするよりも、その失敗から学んだ方が生き物として強そうじゃん。なので、韓国コスメオタクさんはその思い出を肥料というか燃料にして、「私も幸せになってやるもんね」っていうふうに思えたらいいんじゃないですかね? それまではその人のことを覚えていていいと思うし、「私は今世界一幸せになったわ」ってなったら自然と忘れてくんじゃないかなあとも思います。

OTAYORI

05

ラジオネーム「にごり」さんからのお便り

虫さんこんにちは。25歳社会人女です。
今日は虫さんに相談があってメールしました。
相談内容は、好きな人が2人いるっておかしい？　です。

私には好きな人が2人います。

1人目は大学生の頃からお付き合いしている私の彼氏です。5年ほど付き合っています。今は遠距離で2ヵ月に1回くらいのスパンで会っています。最近は結婚の話も出ており、将来のことについて話し合うことが多くなりました。結婚となれば私が彼氏のもとに行くので、転職、家族と離れる……等正直不安もあります。でも新しい地域で心機一転、楽しみもあります。

2人目は会社の先輩です。先輩は仕事もでき、面倒見もよくとても優しいです。私が落ち込んでいるとご飯に連れて行ってくれ、相談に乗ってくれます。先輩といると新鮮で楽しく、ドキドキします。最初はただの優しい先輩としか思っていなかったのですが、気づいたら好きになっていました。

放送回

虫も殺さないラジオ　#186

25歳にもなって好きな人が2人いるのっておかしいでしょうか？

先輩のことは久々のドキドキを好きと勘違いしているだけでしょうか？

彼氏との結婚のマリッジブルーなのでしょうか？

彼氏といる時は彼氏のことが大好きだし、先輩といる時は素敵だな〜好きだな〜と思ってしまいます。自分の気持ちがわかりません。

どうしたら自分の本当の気持ちがわかるでしょうか？


虫さんは2人のことを同時に好きになった経験はありますか？

何かアドバイスいただけたら嬉しいです!!

これからも東海オンエア、虫コロラジオ楽しみにしてます！

これは難しい！　言葉の問題というか、日本語の問題なのかもしれないですけど、でもありかなしかって聞かれたら、あるって言う方が真実に近いと思うな。

それこそにごりさんも似たようなこと聞いてきてると思うけど、どこまでいったら「好き」なの？「一緒にいて楽しいな」って思ったら好きなの？「エッチしたいな」と思ったら好きなの？「一生添い遂げたいな」と思ったら好きなの？　全部「好き」じゃない？「一緒にいたら楽しいってのは『好き』とは言わないですよ」ってなったとしたら、じゃあそれは代わりになんていう日本語使えばいいの？　みたいな面倒くさいことを言いたくなっちゃうんですけど……。

自然に考えてみてさ、「誰か一人のことを恋愛として最上級の好きになりました。その代わり、それ以外の全てのものをもう一切好きと思えなくなりました」って、そんな仕組みは絶対に人間の中にはないんだよ。「いや、俺はカレーライスが一番好きなんだよ！　だから、今後天ぷらのことを好きって言わん！」って、この例えが芯を食っているかはわからないけど、でも僕はそれくらい不自然なことだと思うから、別に彼氏がいるからといって、他の男の人に「うわー、この人もかっこいいな」って思う感情は絶対なくなりはしないだろうね。「それはいけないことだよ」はギリあるのかもしれないけど、「おかしいよ」はないと思う。自然なことだと思うから。

にごりさんがどういう気持ちでこのメールを送ってきたのかわからないですけど、ちょっとした罪悪感みたいなものを感じているのであれば、それは感じなくていいことじゃないですかね？ちょっと人間として不自然なことを考えようとしているせいで、余計に悩んじゃってるんだと思います。

『あの花』っていうアニメ、見たことありますかね？　『あの日見た花の名前を僕達はまだ知らない。』まあもちろん全員見たことありますよね。その作品で最後にめんまがみんなに「好きだよ」って言うじゃん。でも、じんたんにだけは「結婚したいの『好き』だよ」って言ったじゃん。それでその時にみんな泣いたじゃん。自分の中でそれくらいの違いだけわかってれば、間違ったことはきっとしないと思う。

「私、この先輩のこと大好き」って思うのは全然ＯＫ。むしろ良かったね、そんなふうに好きだなと思える人がいて。「かっこいいな」と思うのもそりゃいいじゃん。でも、「結婚したいの『好き』は、彼氏なんだよな」とさえ思っておけば、にごりさんはすごく素敵な人間というか、素直な人間になれるんじゃないかなって思います。

もちろん「それじゃあ彼氏が心配するんじゃないの？」みたいな懸念はあるだろうけど、にごりさんのことを彼氏さんが理解してくれれば、「ああ、にごりはそういうタイプの人間なんやな。でも結婚したいのは俺なんだな」って思ってくれるだろうからね。彼氏がいるからこうしなきゃ！って思うのはお利口なことだと思うんだけど、あんまりそれに縛られて生き物としての本能を無理矢理排除しようとするのは多分苦しいことだと思うので、臨機応変にいきましょう。

OTAYORI

06

ラジオネーム「なし」さんからのお便り

虫眼鏡さんモヌリスタ。誰にも相談出来ず、自分でも答えが出なかったのでお便り送ります。18歳女です。

相談というのは、簡潔に言えば同い年の彼氏がおせっせ出来なかったということです。付き合って半年になります。お互い大学に進学し一人暮らし、幾度も機会があり4月の頃は数え切れない程しました。お互い初めてだったのですが、私がいわゆる攻めが上手かったようで、そっちをしてほしいとの要望で段々と彼の開発が進みました。それはよかったんです。でも、途中から自分も女なのだから攻めてほしいとお願いしても結局セックス出来ず、どうすればいいのかわからないと言うのです。キス→乳首舐める→中触るしかしません。比喩ではなく、その前戯を5～10分でして、いれて中折れ。ネットで調べてみて、とかこうやって触ってみてなどと教えても響かず消極的なマグロです。何度も彼が寝た後に泣きました。こんなにも求められないことは辛いのかと。同年代の女の子と比べたら自分は性欲が強いのかもしれません。

結局彼と話し合って、彼自身性欲が薄い、君におっきっきしたものをぺろぺろしてもらうのは性処理道具にしているようで辛いとのことでした。私も自分のエロ関連知識を総動員してネットで調べ、EDやらアセクシャルやら彼と検討しましたがわからないの一点張り。終いには君がどうしてもと言うのであればセフレも

放送回

虫も殺さないラジオ　#143

見逃すと。

虫コロラジオで女性は20代後半に性欲が高まると聞き、ただでさえ18歳の時点で私の方が強いのに、どうすればいいのでしょうか。風俗？　セフレ？　別れる？　今まで出会った人間の中で一番一緒にいて違和感の無い人なのです。家族や友人であっても6時間以上一緒にいれない私が、1ヵ月べったりなのです。どうにか別れずに解決出来ないでしょうか？

彼は私がして欲しいときに言ってほしい、一緒にいられるようセックスを頑張るからと言ってくれますが、お情けや同情でセックスをしてもらう、女として求められない人生でこの先耐えられるのか不安です。ちなみに私の家族には挨拶してもらっており、彼の家族は公認で、（コロナ禍で断念しましたが）この夏中に挨拶に伺う予定でした。適当に考えたくない、この先もずっと一緒にいたいからこそにっちもさっちもいかず泣いて過ごす日々です。自己開発をしたり、お高いゴムを買ったり、おもちゃを買ったりもしました。私達がまだ若いが故に上手くいかないのでしょうか？前よりは頑張ってくれていますが、私の言った通りにしているという感じです。（せめて彼の性器が大きかったらよかったのにと思う毎日です。最大で8㎝くらいです。バックからは絶対入らなかったり正常位でもすぐ抜けて苦労します。硬度が足りないからかもしれませんが。いえ、本当の意味で求めてくれるのであれば今のままで十分です）

まず、彼氏のことが大好きなんだという気持ちは非常によくわかりました。それはちゃんと理解しています。ただ、このメールを読んでいて、「今まで出会った人間の中で一番一緒にいて違和感の無い人なのです」っていうところに関しては、「嘘つけ」と思っちゃいました。あるやん違和感。「エッチなこと以外では」っていう意味だとは思うんですけど、エッチなことの価値観が合わないって、まあまあ大変なことだと思うんですよ。

「愛があれば体の相性とか、性欲のズレとか、そんなものはどうとでもなるんだ」とおっしゃる天使みたいな人たちもいるんですけど、それはそういう人たちなので。そういう人たち同士でうまくやってくれと。

やはり性欲って人間の三大欲求の一つに数えられるくらい人間にとって大事な欲求じゃないですか。僕は小さい頃にキリスト教徒だったのでそれっぽい考えかもしれないですけど、神様ってそれがすごく大切な行為だからこそ、それに気持ちいいっていう感情を付与してくれたというか。言うならばすごく特別な行為なわけですよ。

セックスが子供を作るためだけの行為であるんだったら、気持ち良くなくてもやるよね、みんな。女性は赤ちゃんを生むためにすごく辛い思いをして、我慢して生むわけですから、なんか人間それくらいのことはする気がするんですよ。エッチしたら痛い、とかね。それでもやっぱり子供を残したいっていう目的のために頑張ると思うんですよ。

他の動物とかそうだよね。魚とか、卵に通りすがりざまに精子をかけるだけみたいな、あれどう見ても気持ち良くなさそうじゃん。だから人間の性行為っていうのは、ただ単に子供を作るという以上の意味があると思うんですよ。そういうすごく特別な営みと、それが気持ちいいっていう喜びを共有できない相手っていうのは、今おっしゃってたようにお互い辛いでしょうし、それくらいお互い好きだったらなんとかなるでしょっていうレベルの話じゃないなと僕は思うんですよね。

お二人はまだ若いですし、絶対的な答えがある問題でもないので、僕も「こうしなさいよー」とは言わないでおきますけど、僕だったら「違ったのか」と思って別れちゃうかもしれないですね。このお便りを読んでても、質問者さんは大学1年生。これが一般的なのかどうか分かりませんけど、大学生なんていろんな人と付き合って、いろんな人とエッチして、言葉が悪すぎるかもしれないですけど、色々試したりしている時期じゃないですか。その中でもお互いをご両親に紹介したりと、先のことを見据えたお付き合いをしているように見えたので、だったら早いうちにこの問題にも真剣に向き合った方がいいんじゃないかなと思います。

「せめて彼の性器が大きかったらよかったのにと思う毎日です」っていうのも気になるよね。結婚したら本当に今後一生その人としかエッチしませんからね？　別にあなたがそれでも幸せなんですよと言うのであれば、もう「本当に？」とは言いませんけど、でもそれって「下に比べたらまだマシよ」っていう幸せじゃないですか？　「もっと上の幸せを追い求めてみませんか？」という意味で、ちょっと考え方が広がる可能性もあります。

なんて言うと僕はすごい悪い誘いしてるみたいになっちゃうので、もうこれ以上しゃべらないようにしておきますけど、世の中にはそういう考え方をしている人もいるんだよーというお話でした。

OTAYORI

07

ラジオネーム「あほヅラパンダ」さんからのお便り

私には最近同棲を始めた彼氏がいるのですが、その彼について相談です。同棲準備をしている段階で彼から元カノと一緒に作ったアルバムを捨てた方がいいかと聞かれました。私自身、過去の話を知りたくないタイプなので「持っているのは嫌だ」とハッキリと伝えました。しかし、彼からの返答は「結構作るの高かったし、景色のいい写真もあるからあまり捨てたくない」というものでした。アルバム自体は彼のもので、私にどうこうできることでもないので、処分するかどうかは彼に決めてもらいました（その後処分したのか知りませんでした）。

そして、先日部屋の片付けをしていたところ例のアルバムを見つけてしまいました。2人の住む部屋に持ち込んでほしくなかったですし、そもそも〝お金がかかったから取っておく〟という理由はどうなんだ？　と思ってしまいます。私が処分してほしいと考えているのは知っているはずですし、どうしても捨てたくないのであれば実家に置いておくなどの対応ができると思います。彼は私がアルバムを見つけたことは知らないです。私から彼に言うのも気が引けます。

過去の恋愛について、男性はフォルダ保存、女性は上書き保存と言いますが、まさにその通りだなと感じています。部長は過去の恋愛はフォルダ保存ですか？　上書き保存ですか？

放送回

虫も殺さないラジオ　#153

フォルダ保存か上書き保存か、と言われると僕は割と上書き保存派ですね。あんまり元カノのことを思い出したりはしないですし、次の彼女が嫌がるだろうと思って元カノの物とか連絡先とかはだいたい消しちゃうんですけど、でも1人いるな。自分が新しい彼女を作ろうと思った時にどうしても比べてしまう人はいるんですけど、それ以外ではほとんど思い出すことはないですね。

でもやっぱり言葉づらだけ聞くと、上書き保存派の方が相手に対して誠実だなっていう気にはなるよね。別に元カノとの物を取っておきたいっていう気持ちは、元カノとどうこうなりたいとか思っているわけじゃなく、本当にただただ自分の記憶の1ページとして捨てるのは惜しいと思っているだけなので、たかだか物くらいで今カノとして一番愛されているあほヅラパンダさんがヤキモキするのはアホくさいじゃないですか。堂々としてたらいいじゃないのとは思うんですけど……。

でも、「物によって直接的に何かが引き起こされることってありますか？　ないですよね」じゃないもんね。「嫌だから嫌だ！」っていう、どちらかと言うと感情的なものなのかもしれません。あほヅラパンダさんはすごく謙虚な方で、「彼に言うのも気が引ける」とありますが、僕はこのメールを読んで「彼氏、デリカシーねえな」とは思うので、怒ってもいいんじゃない？　「実家に持って帰れ！」って言っちゃうか、もしくは目の前で捨てるくらいしてもいいんじゃないかと思ってしまいます。「いいの？」って聞いて「駄目」って言われたけど言い訳して持っておいて、しかもそれを同棲先に持ってくるっていうのはさすがにわがままだよね。だったら聞くなよって話だもんね。「私、その時嫌だって言ったよね？　今すぐ持って帰るもしくはここで捨てなさい」くらいのこと言っちゃっていいんじゃないのと思いました。僕がそうやって言いました。どうぞ！

OTAYORI

08

ラジオネーム「サーモンユッケ」さんからのお便り

虫さん、おはこんばんにちは！

今日は相談があって、メールを送らせて頂きました。

それは、1年半くらい付き合っていた彼氏がバイクで飲酒運転をし、それまで大好きでたまらなかった彼氏に突然冷めました。

そんなことする人だったんだ……人として信じられないと絶望し、とても嫌いになりました。今まで別れたいと一度も思ったことがなかったのですが、私の怒りは収まらず別れたいという気持ちが大きくなり結局別れました。

飲酒運転は本当にいけないことですが、別れるまでではなかったのでは？　いや、別れて正解だ。などと、自問自答を繰り返しています。

そこで虫さんにズバリ言ってほしいです。

別れて正解だったのか、不正解だったのか。

飲酒運転なんて当然の違反なんで庇うつもりは全く無いんですが、なぜかモヤモヤしています。

ぜひ、回答をお願いします。

これからも虫さんの益々のご活躍を楽しみにしております。

お体に気をつけてくださいね。

放送回

虫も殺さないラジオ　#79

ズバリ言ってほしいですとありますが、普通に考えて正解ですよね。まぁサーモンユッケさんがそう言ってほしそうな気がした、というのもありますけどね。

さて、僕はどういうつもりで別れて正解でしょうね、と言ったかというと、犯罪というのは被害者だけじゃなく、周りの人にもすごく迷惑をかけることなんですね。これで人を撥ねてしまいまして、その人が死んでしまいましたという話だったら、元カレはとんでもない額の損害賠償を払わないといけないわけなんですよ。もしその時に彼氏と結婚をしていたらと考えると恐ろしいですよね。自分の旦那さんの飲酒運転のせいで、一生賠償金を払うために働き続けなきゃいけなくなっちゃう。裕福な生活もきっとできないでしょう。もしくは面倒見てらんないよって言って別れるにしても離婚歴がついてしまったりして、サーモンユッケさんのためにはなりませんから、そうなってしまう世界線があった人と思うと怖いですよね。たまたま人にぶつからなかったかもしれないけど、ただ運が良かっただけと思うとそんなことをする人とは一緒にいられませんよっていうのは当然のリスクヘッジと言えるのかなという意味で、別れて正解でしょうね。シンプルにサーモンユッケさんの未来だけを考えた場合は「別れとけ、そんな危ないやつ」と言い切ってしまえるんじゃないかなと思います。

じゃあ何でサーモンユッケさんがモヤモヤしているのか。「罪を憎んで人を憎まず」って言葉がありますけど、彼氏さんがしたことは確かに罪ですし、やってはいけないことなのかもしれませんけど、だからといってサーモンユッケさんが彼氏さんを好きになったところがなくなったわけじゃないと思うんです。仮に彼氏さんが飲酒運転をしていました、検問で捕まりました、法の裁きを受けたとするじゃないですか。そして彼氏さんは深く反省をし、それを見て彼氏さんのその飲酒運転という罪は法によって裁きが行われたのだから、これでおしまい。さらにこれ以上私が彼に苦しみを与える必要があるのだろうか？　ないのだろうか？　これはもう人によると思います。「ちゃんとお勤めを果たしたのだから次から気をつけてくださいね」って言うのも、それはそれ。「法はお金を払って免許を取り消すだけで許すかもしれないけど、私は許さないよ！」って言うのもそれはそれでその人が決めることだと思います。まああえて不正解を選ぶ選択肢もあるのかもねっていうことだよね。

今回の話はもう終わった話というか、彼氏さんとはもうサヨナラをしているので今更蒸し返すこともないと思いますけど、せっかく今サーモンユッケさんも自問自答を繰り返しているところなので、これを機にしっかり悩んでください。自分がどんな時でも正解を選び続ける人間なのか、それとももしかしたら自分はあえて不正解を選ぶことができる人間なのか。仮にもし不正解を選ぶことができる人間だった場合は、これから何かを決断する時に１つ考えることが増えるかもしれませんので、自分がどっちのタイプの人間なのかをこの時間を使ってしっかり分析しておくのがいいのではないでしょうか。まぁ僕は彼女いませんけどね。

ただいま…

虫も殺さないラジオ

虫も殺さないラジオ

ふつおたの
はかば

ふつおたのはかば

収録し損ねたので配信してごまかします
虫
も
殺さない
ラジオ

虫も殺さないラジオ

虫も殺さないラジオ

FUTUOTA
NOHAKABA

OTAYORI

09

ラジオネーム「たまたまご」さんからのお便り

虫さんに聞きたいことがあります。

私は先月約1年半お付き合いして振られた元カレのLINEとInstagramをブロックしました。振られた理由は社会人になり恋人の優先順位が下がったからと言われました。本当に大好きで幸せな日々でしたが、別れてみて思い出す記憶は辛い思い出ばかりで、当時かなり無理していたんだなと気付かされました。

また、(ないとは思いますが)もし復縁したいと言われたらまた好きになると思いますが、私ばかり我慢してしまう未来が見えるため連絡が来ないようにブロックしました。後、もしかしたらお誕生日おめでとうとか最近どう？　とか連絡が来るかもしれないと無駄に期待したくないのもブロックした理由の一つです。彼は4月から社会人になり同じコミュニティに属していないため業務連絡もないしもう私に用なんてないですもんね。

本題に戻りますが、虫さんは元カノの連絡先ブロックしますか？

最近暑い日が続いていますのでお体に気をつけてお過ごしください。虫コロラジオ大好きで毎回欠かさず聴いております。東海オンエアで虫さんが一番好きです！

次の彼氏は虫さん！　君に決めた！

放送回
ふつおたのはかば　#90

光栄です。ありがとうございます。

虫さんはブロックしますね。いや、待てよ？　一番最近の彼女はどうだっけな？　ブロックはしてないかもしれない。自分からはＬＩＮＥを送れないようにする状態にしただけかもしれない。いずれにせよ、自分からはＬＩＮＥを送れない状況にしますね。

僕はどちらかと言うと、恋人と別れてもその人のことを嫌いになれないというか……。別れた瞬間って、その時の僕は「この人とは多分結婚しないだろうな」と思って別れるという判断を下したと思うんですけど、イコール嫌いというわけでもないので、不意に思い出してしまったりすることがあるわけですよ。人肌恋しい夜とかに。そういう時に連絡が送れるようになってると送っちゃいそうじゃん。「久しぶり。最近どう」みたいな。「なんだ！　この内容のない文は！」っていう文を送っちゃいそうじゃん。それめっちゃダサいなって思うから、そういうことができないようにっていう意味で、僕は連絡取れないようにするかな。

後は、次できるかもしれない彼女に心配をかけたくないっていう――もう大人だからそんなこといちいち気にしないのかもしれないけど――可能性は潰しておいた方がいいよね。

みんなは、もし自分の元カノとか元カレが何らかの手段でまた身近に現れて、「やっぱり好きやねん」って言ってきたら、「お⁉」ってなる？　それとも「マジでキモい！　怖いわー！」ってなる？　僕は多分「お⁉」ってなっちゃうんだよね。「お⁉」って何って感じだけど……。「また好きになるかもな」みたいな、なんかこういう感じになっちゃうんよ。

僕は男はそういうやつが多いんじゃないかなと思ってる。男の恋は別名で保存だから。

OTAYORI

10

ラジオネーム「濃い茶」さんからのお便り

はじめましてこんばんは。今回はまじめな相談があって参りました。中3男子、絶賛受験生の濃い茶と申します。まじめな相談というのは、僕の恋愛についてです。僕には好きな人がいるのですが、その人（以後、ミオとします）に告白するかどうか悩んでいます。

僕とミオは仲が良く、小学5年生から約5年間、仲良しグループ（いわゆるイツメンというやつ）で、一緒に遊んでいるうちに、「あれ？　なんか僕、ミオのこと好きじゃね？」といつの間にか恋に落ちていたのです。

そして現在、中学3年生、お互いが別々の学校に進学していくこともあり、思いを伝えるかどうか悩んでいます。

もし、フラれてしまったら同じグループで居づらくなってしまいそうですし、このままの関係でもいいかもしれないと思ってしまう時もあります。

でも！！！！

ミオは！！！！！

僕だけのものにしたい！！！！

すみません。興奮してしまいました（変な意味じゃないですよ）。

放送回

虫も殺さないラジオ　#93

でも、もし仮に付き合えたとしても、受験生ですし……。

受験は恋人がいると強い、と聞いたことがあります。お互いに励まし合ったり、わからないことを聞き合ったりしやすいからだそうです。

ですが、そうはいっても受験生。

デートにばんばん行くというのもよくない気がしますし、かといってクラスも違えば部活も違うカップルが学校以外で話す機会がないというのもなんか違う気がします。できればミオの受験の邪魔はしたくないし、でも僕はミオともっと遊びたいです。

恋の大先輩金澤太紀先輩なら、
・受験生
・気になっているのは仲良しグループの1人で関係を壊したくない
という2つの問題点があるこの恋愛、どう解決しますか?

ご意見をお聞かせ願いたいです。

(良ければ部員の皆様も……)
P.S. 参考程度に僕の顔写真とミオ(仮名)の写真を送り付けておきます(ミオの許可はとっております)。晒さないでね。

許可はとっておりますっ、ってありますけど、どうやって許可取ったんだろうね？　その時点で言っとるやん、相談をするお便りを送るから、写真送っていい？　って聞いたのかな？　虫眼鏡に恋のと思うけど。どういう嘘をついたのだろうか。

濃い茶さんは中3ということで、僕の半分くらいしか生きていないガキンチョですから、本当は優しく、「確かにそういう問題があるのか。なるほど。じゃあ一つ一つどうやって解決していくか考えようか」と言いたいところなんですけど、虫コロラジオはそういう場所ではありません。別に年齢は関係ありませんから、普通に他のお便りと同じように扱います。

2つの問題点があると彼はおっしゃってるわけです、ガキなりに考えて。受験生だっていう問題点。気になっているのは仲良しグループの1人で、関係を壊したくないという問題点。部員の皆様、聞いてどう思いましたか？　どこが問題やねんって思いませんでしたか？

濃い茶さんは「思いを伝えるかどうか悩んでいます」と書いてますよね。なのに続く文章では「デートにばんばん行くというのもよくないし、受験の邪魔はしたくないし、でも遊びたいし」と、もう付き合った気分でいるわけです。まず僕はここが甘いなと思っています。付き合えるかわかんないよ？　まだ。もちろん成功のイメージを持っていくことは大事だと思いますけど、こういうのって付き合ってから考えれば良くない？　って思うんですよ。

仮に付き合えたとして、お互い勉強も大事だから「あんまり水族館にデートとかも行けないね」ってなったら、別に一緒に勉強すればいいんです。濃い茶は水族館とか遊園地が大好きっていうわけじゃないんですよ。ミオが大好きなだけなので、一緒に勉強するってだけでも十分楽しいですから。

そういうことは2人が交際を始めて今後2人はどういう感じで付き合っていこうね、ていう話になった時に考えればいいだけの話です。結論としては、今考えることではない。

2つ目。これはもう天秤にかけるしかない。「ミオを俺だけのものにしたい」という気持ちと、「今のままの関係も気持ちいいんだよな。これをもしかしたら失うかもしれない」っていうリスクと、どっちを取るかっていうだけの話ではないでしょうか。その塩梅に関しては僕もこれを聞いてる部員の皆さんもわからないですから、最悪「もう喋れなくなってもいい！　それでも俺はこの気持ちを伝えたいんだ！」と思うのであれば伝えるべきでしょうね。結局ノーリスクの告白なんてないですから。それは問題点というわけではなく、ただのリスクだと判断して、勝負をかけるかかけないか自分で判断したらよろしいのではないかと思います。

まぁでも5年間ずっと一緒にい続けられた友達っていうのは、もしかしたらこれからも付き合いがあるかもしれませんから、意外とちゃんと考えた方がいいのかもしれない。僕に相談するのもいいですけど、周りにいる友達とかの方がよく知ってるでしょうし、そういう人たちに相談するのもありかもしれません。頑張ってください。

OTAYORI

11

ラジオネーム「鴨と僕」さんからのお便り

虫さんボンサバ。彼氏いない歴＝年齢の23歳女です。

私には好きな人がいます。

職場の先輩で6コ上、いつも優しく義理堅く、目尻くしゃっとタイプの笑顔が素敵な、みんなに好かれる「THE良い人」です。

そんな先輩は、あと1ヵ月ほどで転勤してしまいます。

前述した通り、23年間お付き合い経験ゼロの私は、メンタルが童貞オブ童貞。

そして、お太り様・お顔が残念・度強強メガネ着用で3大ブス要素を兼ね備えております。

女としての自信は、みじんこサイズもありません。

そのため、猫パンチにも満たないくらいのジャブしか打てていません。

パンチ例はこちらです。

仕事のお礼でお菓子をいただいたとき、お返しと一緒に「優しさと笑顔にいつも元気をもらっています！」とスーパーのご意見箱用メッセージのような文章のお手紙をつける。

2人でお話しするタイミングで、「わあ、今日たくさんお話ししたかったのに、全然できなかったの悲しいです」と発言。

私にとっては精一杯のパンチです。

放送回

虫も殺さないラジオ　#188

ご飯に誘ったり、なんなら「好きです」って言いたいくらいなんですが、なんせ経験がないもので、その場足踏みしちゃってます。

先程、紹介した猫パンチ集も、うざいとかキモいとか思われてたらどうしようと、悪い方向に考えてばかりです。

転勤で会えなくなったら何もアタックしなかったことに後悔するだろうし、アタックしてみて反応が悪かったら言わなきゃよかったって後悔するだろうし……。

ＪＫで体験できなかった心の葛藤を23歳にして味わっております……。

あと大人の恋愛は「好き」とか言わないって聞いて「え？　じゃあどうすればいいの？」状態です。

部長、遅れてきた青春女に喝でもエールでもアドバイスでも何でもいいのでお言葉くれないか？？？？？　よろしく頼むわ。

ばっさりと切り捨ててしまうのですが、ちょっと間に合わないです、あと1ヵ月だと。このメールの中に答えが書いてあるわけです。ご飯に誘ったり好きですって言いたいくらいだけど、何で出来ないかっていうと、「なんせ経験がないもので」なんですよ。つまり、どこかで一発経験をしてないと、次もまた「好きです」って言えないんですよ。

鴨と僕さんが今どういう状況かわからないですけど、その先輩が転勤でなかなか会いづらくなってしまいました。その代わりに新しい人が入ってきました。今度はその人を好きになるかもしれません。その時にまた「いやでも私経験がないからさ」ってなったら、一生誰にも好きって言えないわけです。

まあ人にはその人なりの幸せがあるので決めつけるつもりはないですけど、おそらく「そんな人生、寂しいな」って思う人も多いと思うので、やっぱりどこかでクソ勇気を出す瞬間は必要だと思うんです。

早い子はそれを小学生中学生の間に済ましておるんですわ。恥ずかしいこととしても許される年齢のうちに。賢いよね。でも鴨と僕さんは、その時にちょっと大人ぶってたおませさんだったんでしょうね。そんなんするもんじゃないな、っていってそのまま大人になっちゃったから、多くの人たちが学生時代に済ませてきた勇気の出し方を大人になってからやらないといけないわけなんですよ。

これは、やらないとしょうがないので、やってください！「転勤で会えなくなったら何もアタックしなかったことに後悔するだろうし」って書いてあるから、じゃあアタックしろよって思うし、「アタックしてみて反応が悪かったら言わなきゃよかったって後悔するだろうし」って書いてあるから、まぁ後悔するかもしれないけど、それを言うことによって、次は2回目だから、もうちょっとアプローチをかけることに「怖い」っていう気持ちを持たなくなるんじゃないかなって思うから、どっちに転んでも鴨と僕さんのためになるわけじゃん。

ちなみに、「優しさと笑顔にいつも元気をもらっています」っていうお手紙をもらうとか、「今日たくさんお話ししたかったのに」とか言ってもらって、嫌だなって思う男は多分いないですよ。その人が自分の恋愛対象だとか関係なく、その辺のおばあちゃんに言われても僕は嬉しいもん。嬉しいとまではいかない、ということはリアルにあるかもしれないけど、それをうざいとかきもいとか思う人はそうはいないと思うから、そういうポジティブな言葉は割と言い得なんじゃないですかね。ちょっとこのお便りを読むのが遅くなってしまって、鴨と僕さんからしたらもう「遅え(おせ)よ」って話かもしれないですけど、もし次に同じような機会があったら、ちゃんと猫パンチを連打してください。そして「今私もそういう状況だわー」って人もたくさんいらっしゃるんじゃないかなと思いますので、そういうあなたも猫パンチしてください。

OTAYORI

12

ラジオネーム「26歳女」さんからのお便り

突然ですが、私には4年付き合っている彼氏がおり、結婚の話が進みつつあります。私は現在、イギリスに住んでいることもあり、結婚式はこちらで挙げようと計画しているのですが、何がやばいって、その後のヨーロッパハネムーンに義両親も同行したいと言っているんです!!!!

まあここまではまだ許せたとしても、行く場所やホテルなど、全部義母が勝手に決めてきて、しかも旅行代は私たち持ち……もともと、経済的に苦しかった義両親はハネムーンに行けてなかったらしく、とても楽しみにしているようです。

今までも彼氏が義両親のカード代をせがまれることが何度かあったのですが（しかもすごい額）、彼氏は嫌がりながらも「育ててもらった親だから」と断ることなく毎回払っています。

また、学生時代も「大学に行くなら奨学金を借りて行け」と言われ、かなりの額を借りていたのですが、その奨学金さえ何度か両親に渡していたようです。

彼氏は良い人なのですが、義両親のことがどうしても好きになれず、このまま本当に結婚していいのかというモヤモヤが晴れずにいます……。

虫さんなら義両親が嫌いな場合、結婚は取りやめますか？　それとも我慢してうまく付き合っていきますか？

放送回

虫も殺さないラジオ　#170

僕だったら、彼女のご両親が嫌いだから彼女と別れますっていうのはまあまずしないと思います。責任の所在が違うからね。誰だって嫌じゃない？「お前の母ちゃんでべそだから友達やめるわ」って言われたら、「いや俺はでべそじゃないんだけど」って思うやん。

とはいえ、まがりなりにも家族になる人なわけですから、「愛があれば関係ないさ」とも言いきれない事情がありますよね。僕だったら、まずは責任の所在を彼女さんまで下ろしてくるかも。「こういうところとかはちょっと僕はあんまり良くないなって思う。今後もこういうことが続くのであればちょっと苦しいかもしれない」っていうのを自分の好きな人にぶつけてみて、好きな人がどっちの味方をするのかな？どういう選択をするのかな？っていうの見るかな。それで、「そんなのしょうがねえじゃねえかよ！私はこれからも親に金を払い続けるぜ！」って自分の彼女が言ったら、多分僕はそこで彼女のことを好きじゃないかもって思えるから、それで別れますね。それだったらすごい話がシンプルだよね。

でも新婚旅行の予定まで立ててるんでしょう？多分26歳女さんの彼氏さんは「いや、俺は両親の方が大事だぜ！」なんてこと言わないですよ。絶対、「わかった。俺が何とかするから任せて」みたいなことを一旦言うと思うんですよね。それが厄介だよね。その瞬間その瞬間でその人その人に都合のいい顔する人いるからね。それも見ておきたいよね。

でも新婚旅行まで話が進んじゃってると、なかなかそんな猶予もないというか。「あれ。前は俺に任せろって言ったのに、その約束守れてないやん」っていう詰め方ができないもんね。新婚旅行しちゃったら結婚してるもんな。

まあ僕は結婚したことないからわからないですけど、しばゆーとかゆめまるの話を聞いてても、結構頻繁に「親が」って言葉が出てくるんですよ。多分、子供を育てるともなると親の力を借りないといけない瞬間がさすがに出てくるだろうと僕は踏んでるんですよ。だからやっぱり、かりそめとはいえ家族は家族なわけですから、「うわーめっちゃ嫌いだけど我慢すればいいか」っていう付き合い方をするのもなかなか苦しいところがあるんじゃないかなーって予想してますね、僕は。ここは彼氏さんに一発でかいどんでん返しをしてもらわないといけないくらいな案件な気はします。「口を出すんじゃない！　何でお前らの金を俺たちが払わなきゃいけないんだ！　俺たちのプライベートなことに口を出すんじゃない！」っていう約束をさせるくらいの気概を見せてもらいたいですね、彼氏さんには。

でも、いま自分で喋ってて「うわー！」と思ったんだけど、僕も子供が生まれたら親と仲良くしなきゃいけないっていうことだよね。でもそしたら腹をくくるか。まぁうちの場合は僕がただ避けてるってだけで、そんな悪い奴らではないので、僕がプライドを捨てれば多少なるようにはなるんじゃないかなって思いましたけど、他人事とは思えないようなお便りでしたね、実は。まあこれは26歳女さんの彼氏さんがんばれ案件でしたね。

部員から寄せられたサムネイル紹介 ❷

OTAYORI

13

ラジオネーム「さつまいもまいも」さんからのお便り

虫さんこんにちは。第24回で、デート代についてのメールを読んでもらった、さつまいもまいもです。

前回はとても励ましていただきました、ありがとうございました。

あの悲しみの出来事から1年が経ちましたが、結論から言うと彼自身はあまり変わらないかもしれません。

相変わらず駐車場代3000円を渡してもありがとうと言うこともなく、買い物してどちらかが出したら、私の場合自分から半分返すのに彼は返そうとしない（催促した事はありません）。

元からそういう性格の人だと思って割り切るしかなさそうです。

ここからが本題なのですが、彼から以前「結婚したら同じ口座になるんだから、どっちがお金出してもプラマイゼロだし、俺がご飯代出して、まいもは貯めとくとかでいいんじゃない？」

と言われました。

なるほど、ちゃんと考えてくれてるんだなあと思い、たまに家でご飯を済ませられるよう私が作ってあげたりしてました。

ですが、ご飯代を出すと息巻いた後の食事が丸亀製麺など、食券を買ったり個人で払うお店が多くなりました。

放送回

虫も殺さないラジオ　#68

実家暮らしの彼が一人暮らししてる私の家に来る度に、私は仕事帰りに買い出しに行って帰ってから作ったりしてるのに、少しはお礼の気持ちを返そうという気がないのかなと悲しくなりました。

しかも食券を買うタイプのお店が午前の部の閉店をしたと知ると、開店の4時間後まで待つと言い出します。他にもお店なんてたくさんあるのに。

丸亀は悪くありません。美味しいし大好きなのですが、奢るよ宣言した後に、会計が別になるようなお店を選んで連れて行くのがせこいなと感じてしまいました。

彼なりにいろんな考えがあるのかもしれません、ただ私も私でこのような後ろ向きな解釈をしてしまいます。器が小さいのは私の方なのかなとも、モヤモヤします。

あと今仕事休みの日曜日の6：30なのですが、彼が送り迎えして欲しいというので、休みの日くらいゆっくりしたいけどわざわざ早起きしてます。

先程書いた出来事が昨日もあったので、こういう都合があると余計に腹立ってしまいます。

長くなってすみません。私の考えはワガママでしょうか？

この出来事について虫さんが思ったことをお聞かせ願いたいと思います。

前回のお便りの後、動画のコメント欄で「彼氏と話し合って改善する方向へと進むことができたよ」と聞いてたので良かった安心安心と思ってたんですけれども、またちょっと新たな意味が生まれたようですね。確かさつまいももまいもさんが24歳で彼氏さんが5つ上だったかな？　いわゆる結婚適齢期ですよね。彼氏さんが、「結婚したら同じ口座になるんだからどっちがお金出してもあんま変わんないでしょう」と考えているということは、彼氏さんはさつまいももまいもさんとの結婚も考えていらっしゃるのかもしれないですけれども、ここでさつまいももまいもさんのターンですよね。

私の考えはワガママでしょうか？　とありますけれども、仮にも結婚するかもしれない相手選びじゃないですか。ワガママじゃなきゃまずいですよ。「向こうはああ言っているから、ちょっとあんまりだけどしゃあないか」って結婚相手を選んでは絶対ダメだと思うんですよ、僕は。

確かに同じ男としては僕はあまり共感できないというか、なんか女の子に財布を出させるのはダサいなと思っちゃうし……。まあそれはカップルごとに考え方が違うと思ってそれはさておき、さつまいももまいもさんがそれに納得してないのが問題ですよね。

一旦彼の一つ一つの行動がどうこうは置いておいて、もし明日彼にプロポーズされたとして、さつまいももまいもさんは嬉しいですか？　「虫眼鏡さん、それはハッピーですよ万歳三唱ですよバンザーイバンザーイ」て言うのであれば、これからも話し合いながらバランスとってうまくやってくださいね、って言いますけど、「ちょっと今のまんまだったら結婚は悩んじゃいます」っていうのであれば、もしかしたら考え直した方がいいかもしれないですよ、結婚相手としては。

1年が経ちましたが彼自身はあまり変わらないかもしれませんってあるじゃないですか。多分それが彼のノーマル状態なんですよ。もしも「もうこう変わってくれないと結婚なんてとてもできない！」と涙を流して話し合ったとして、一時的に彼が改善するかもしれない。でもそれは彼が結婚したいから、さつまいもまいもさんを失いたくないから直してるふりをしているだけの可能性が非常に高いんですよ。結婚って、結婚するまでよりしてからの方がはるかに長いですし、いつかラブラブじゃなくなるじゃないですか。その時に今まで気をつけてたことが気をつけられなくなった旦那さんを見て、さつまいもまいもさんは「それでもいいさ、これが私の人生さ」と思えるのかどうかということでしょう。そこが一番大事なんじゃないかと思うんですよ。

僕が昔髪の毛を切ってもらってた美容師さんが、「プロポーズをされたので、お店を辞めちゃうかもしれないんです」とか言ってたんですけど、いつまでたってもずっとその店にいるんです。で、「あれ？　引っ越すって言ってなかったっけ？」って聞いたら、「私、結婚するのやめたんです」と。プロポーズ一回受けてまず婚約みたいなのが成立してるじゃないですか。それがそこからひっくり返るって結構大変なことなので、なんか大変なことがあったのかな？　とんでもない喧嘩があったのか？　それともどうしようもない問題があったのか？　はたまた不慮の事故があったのか？「何かあったの？」って聞いたんですね。そしたら、彼氏さんが牛丼屋で「このクーポンが2人分使えないのはおかしい」と店員さんに怒っているのを見て、「違うな」と思ってしまったと言ってたんですね。僕はその時に、「じゃあプロポーズされたときにいいよって言うなよ」とは思ったんですけど、「プロポーズされたんだから我慢しろよ」とは思わなかったんです。絶対にその美容師さんがした選択は正解だと思っていて。

「結婚するよ」「プロポーズしたよ」「結婚式いつにしようか」と言ってる幸せの絶頂の時ですら「無理だ」と思うことって、ここから先ＯＫになるわけないじゃないですか。結婚する前のイチャイチャラブラブの期間くらい、「この人は完璧だ」と思える相手じゃないと僕は結婚してはいけないのではないかと。だからこそ僕はなかなか結婚したいなあと思う相手は見つかりませんし、周りの結婚してる人には、「この人があなたの運命の人だとどこでわかったのですか？」っていうのを聞いて参考にしてるんですけど、結婚相手選びという面においては、それくらいワガママになった方がいいなと思います。

さつまいもまいもさんも24歳で初めて彼氏ができたって言ってるから、もしかしたら「こんな私でも付き合ってくれるんだ。じゃあ私はこの人の求めるような人になろう」みたいな考えがあるのかもしれないですけど、それはちょっと危ないなと個人的に思ってしまいます。あなたが「本当に私はこの人と一緒になりたい」と思った人であれば応援できるんですけど、「私、我慢しなきゃいけないんですかね？」っていう質問なのであれば、僕は「我慢しなくていい。だったら新しい人を探す方にエネルギーを割いた方がいいんじゃないの」とアドバイスしたくなってしまいます。一度しかない人生をともに歩んでいく伴侶ですので、ここばかりは慎重になって、ワガママになっていいんじゃないかな。だからといって、結論的には別れなさいよっていうわけじゃなくて、ワガママでしょうかと聞かれたので、「ワガママなんじゃない？　でもワガママでいいと思うよ」という答えを返すだけというか。それを聞いてさつまいもまいもさんが彼とこの後どういうふうに付き合っていくのか。あなたの人生にとって最善の選択ができるようお祈りしております。

CHAPTER.2

放送部員のお悩み相談室

OTAYORI

14

ラジオネーム「ツメノドリ」さんからのお便り

虫眼鏡の放送部 御中
虫眼鏡 部長 様

いつも大変お世話になっております。

珍棒リサーチ株式会社のツメノドリと申します。

12月28日投稿の放送にて、各メンバーが編集した動画の「バズり」具合について気になっていらっしゃる様子を拝聴し、誠に僭越ながら弊社にて調査致しましたので、調査内容の概要について下記の通りご報告致します。※別添excelデータについては部長に著作権が帰属するため、動画内でご使用頂いても構いません。


【調査方法】
・編集者名が記載されるようになった2018年1月4日の投稿から、2020年12月27日までに投稿された全ての動画を再生し調査。編集者名が明示されている、もしくは文脈から編集者が判断できる788本の動画を調査対象とした。

【調査結果】
・最も再生数が多かった編集者は、虫眼鏡氏。(3年間で14億5976万6940回)

放送回
生放送 #1

・編集歴によるバラつきを考慮し、総再生数と総編集数による平均再生回数について も調査。結果は、虫眼鏡氏が1本あたりの再生回数534万7132回と最も優れていた。（2位はてつや氏の485万1670回）
・1000万回以上再生された動画を最も多く編集したのも、虫眼鏡氏だった。（21本）
・よって、東海オンエアのメンバーで最もクリエイティブなのは、虫眼鏡氏という事が導き出された。

……ええ、暇人ですよ。仕事納まったのと、明日の生放送が楽しみすぎて7時間かけて調査しましたよ。これ読まれなかったら泣ける。

編集者名を調べるために、2018年1月4日からの動画の概要欄を全て見ましたけど、虫眼鏡部長の概要欄って凄く面白いですね。概要欄をまとめた本でも出版したら大儲けできると思いますが、どうでしょうか？

「こいつのお便りよく読むからな」「こいつの名前はよく出てるからな」「もう毎回毎回出るじゃないかよこいつ」って感じになっちゃうかなと思って読むのやめようかなと思ったのですが、凄すぎて読まざるを得ないということで読ませていただきます。

すごい！　チャット欄が「ツメノドリさん!!」で溢れてる。すごいね。そのうち部長替わるんちゃう？　このラジオ。

本当にすごい調査をしてくれました。788本の動画を見て、その編集者とその再生回数を調査したらしい。アホです、この人は。仕事が忙しいんじゃなかったのか、お前は。海外で変なところに行って、1階にプールがあるよ、みたいなことをどっかで見たけど、暇なんか？

まず、最も再生数が多かった編集者は虫眼鏡氏。3年間で14億5976万6940回とあります。これは僕が他の編集者よりもちょっと編集してる回数が多いというのもあるかもしれませんね。てつやと僕は週2回、他の人は週1回なので、これは僕が頑張ったってことですね。

1本あたりの平均再生回数の1位も虫眼鏡氏で、2位がてつや氏。これは嬉しかったですね！　僕の編集が一番再生回数が取れるというデータですね。てつやさんとは50万回くらい違いますから、有意差があると言っても良いのではないでしょうか。

ツメノドリさんにスパチャ送りたいんだが、ってコメントがありましたけど、それくらい頑張ってくれましたよね。皆さん代わりに僕にスパチャを送っといてください。もしもツメノドリさんに会った時にお菓子とか買ってあげますからね。

1000万回以上再生された動画も1位虫眼鏡氏。一応東海オンエアとしては見ないようにしてるデータではあるんですけど、なるほど、と言うか良かったと思います。

再生回数が多いということは、僕の編集のことを気に入ってくれてる人も多いってことだと思いますけど、基本的には東海オンエアって自分で出したネタを自分で編集するので、僕の出したネタが再生されてる、僕の出したネタが1000万回超えるとか、そういうのにも若干繋がってると思うので、だからといって僕が一番すごいんだもんとは言いませんけど、今までの頑張りはちゃんと視聴者のみんなに伝わってたんだっていうふうに僕は思いましたね。

さて、概要欄をまとめた本を出版したら大儲けできるのではないでしょうか？　とありますが、どうでしょうか？　講談社さんどうでしょうか？

てつやくんの本の売れ行きが凄いらしくて、KADOKAWAさんは宣伝もすごい。僕の今まで出した3冊の本の総発行部数を抜かれそうなので、僕の第4弾で抜き返したいなと思ってるんですけど、生配信を見てくださってる1万1300人の人は全員買ってくれることでしょう。なので、1万部多く刷るように言っておきますね。

OTAYORI

15

ラジオネーム「蚊取り線香」さんからのお便り

虫さん！　こんばんは！

愛知県の中核都市に住む20代会社員です。

私は中規模の会社の本社で事務をしています。男社会が強く根付いている会社で、一歩会社に足を踏み入れると、昭和に戻ったかと思うくらいの、古臭い会社です。令和の時代にタイムカード使ってるし、出勤したら上司の机を水拭きしなきゃいけないし、給与明細は紙だし、言い出したらきりがありません。

そんな会社で働いて数年ですが、上司のセクハラがとまりません。この前は私に面と向かって「Aさん（私の同期）より一回り大きいなぁ！　元々の型から違うなあ！」と言われました。体型については、「太った」「丸い」などなど、毎日散々色んな人に言っています。他にも、くせ毛の女性や色白の女性に対してその見た目に関するあだ名を付けて呼んだり、胸が小さい人に対して「妊娠したら大きくなるから大丈夫だ」と言ったりもしています。

どういう神経で言ってるんですかね？　手を出して触らなければ、セクハラじゃないとでも思っているのでしょうか？　おじさんはこんな絡み方しか出来ないのでしょうか。めちゃくちゃ気分が悪いです。こんなことを言うと「人事に相談してみたら」という人もいますが、なんとその人が人事のトップなんです。信じられないですよね……。

放送回

虫も殺さないラジオ　#181

私はセクハラ発言をされたら、イラッときても「そうなんですよ～最近太ってしまって～笑」などと明るく返事をしてしまいます。これが良くないのでしょうか？　もっと悲しい顔をして、傷ついたアピールをした方がいいのでしょうか。少しでもこのセクハラを減らすにはどう自分は行動したらいいのか、なにかアドバイスがありましたらお聞かせください。怒りのままに文章を書いていたので分かりにくくなってしまいすみません。虫さん、是非ご回答よろしくお願いします。

僕もこのチャンネルを始めて、いろんな人の考えや意見や悩みを聞く機会が増えて、ちょっと自分を客観的に見れるようになったかな、と思うところもあったりして。いろんな人の話を聞いてきたダンディなイケオジになりてえなあって思ってるんです。だけど、「もしかしたらいつかやらかすかもしんねぇな」って思う筆頭候補が、こういうセクハラなんですよ。僕将来セクハラめっちゃしそう。

なんでそう思うかなんだけど、僕が喋る時に周りにいる人間というのが、東海オンエアとか、YouTuberとかそういう変なやつらなんですよ。それこそ会社の上司みたいに、すごく自分の発言に失礼がないか気をつけて喋らないといけない、みたいな経験をほとんどしてないので、基本的に発する言葉が全部冗談なんです。感覚が麻痺してしまっていて、冗談を言うことに慣れすぎちゃって、どっかで誰かに「いや、そういうのやめたほうがいいよ」って言ってもらわないと、このまま冗談しか喋れない人間になっちゃいそうで、ちょっと怖いなと思ってるんです。

話を戻しますけど、きっとその上司も僕みたいなやつだったんじゃないかなって思いました。もちろん、冗談だからといってこのセクハラ発言を擁護はしませんが、今メールを送ってきてくれてるのはそのセクハラ上司ではなく蚊取り線香さんなので、蚊取り線香さんに向けて喋りますね。「私は明るく返事をしてしまいます。これが良くないのでしょうか」そうだと思います。「もっと悲しい顔をして、傷ついたアピールをした方がいいのでしょうか」そうだと思います。

僕もさっき自分語りしてる時に、「どこかで『それやめたほうがいいよ』って言ってくれる人がいないと怖い」、と言ってたじゃないですか。まさにその「それやめたほうがいいよ」って言われなすぎて慣れちゃった存在がその上司な気がするんです。

その上司も多分、蚊取り線香さんのハートを傷つけてやろうとか、凄いスケベな目で見てるから凄いスケベなこと言ってムラってさせてやろうとか、そういう計算のもと喋ってるわけじゃなくって、もっと低次元な「おもろい」と思って喋ってるだけだと思うんですよ。「今俺は蚊取り線香のことをちょっといじって、そのいじりによって1個のおもろいくだりができた」くらいにしか思ってないと思うんです。「全然面白くないです」っていうのを突きつけてあげないと、多分その上司は何も気づけないんじゃないかな。おじさんって生まれてからの年数が長いので、「こういう発言をしても笑って受け流してくれるね」っていう彼なりの成功体験の数も多いんです。多分一回「やめてください」って言ったからといって急に激変することもないと思うし、なんならほかの被害者の人達と足並み揃えて「あのセクハラ親父叱ろうぜ」っていうふうにやらないと、あなただけ「おもんないやつや」っていうふうに勝手に解釈してノーダメージで切り抜けてくる可能性もあるので、本当にその上司を何とかしちゃいたいと思うのであれば蚊取り線香さんもまあまあ気合入れないといけないかもしれないですね。

まあでも世の中にセクハラ親父というのはいっぱいいると思いますので、全親父に対応できるように、面白くないいじりに対しては、「大丈夫です。それ面白くないです。キモいですよ」って言い返すメンタルを若者は持っておくべきだと思ったわけです。僕もこれからちゃんと言うようにします。「虫眼鏡くんは小さくて可愛いね」って言われたら、「大丈夫です。そのいじり面白くないです」って言うようにして、みんなに勇気を与えたいと思います。

OTAYORI

16

ラジオネーム「バーバパパ」さんからのお便り

虫さん!!　こんにちは!!　高3女子です！

毎日メインチャンネル、サブチャンネル、個人チャンネル楽しく見させて頂いています！

さて、私が2019年に置いて行きたい出来事は、私が露出魔に出会い、付き纏い被害に遭ったことです。

先月から被害を受けていたのですが、先週やっと警察の人を通して解決できました。

私からすると、今年は受験の年だし、最悪でしたが、解決したので良かったです。

これでやっと勉強に専念できます!!

このラジオを聴いている方々、何か被害にあったときは躊躇わず警察に相談してみてください！

P.S.虫さんもストーカー被害など気をつけてください。笑

放送回

虫も殺さないラジオ　#59

これは本当に怖いですね。しかも受験の年だしってことは、18歳とか17歳ですよね？　かわいそうに……。文面を見る限りではすごく気丈な感じがしているんですけど、きっとその時はめっちゃ怖かったですよね。

僕も今、「かわいそう」「怖かったよね」って言ってるけど、結局想像でしかしゃべれないんですよね……。100％共感してあげられないんだよね。ただ、男性だからわからないとは言いつつも、それをやる男に対してはめっちゃ腹が立つんですよ。同じ男として「キモ！　何してんの⁉」と。そういう人を撲滅するためにも、怖がらずに然るべき方法で泣き寝入りせずに対処していただければなと思います。

お前が言うなよってみんなは思うかもしれませんけど、僕は女性をなめてる男が嫌いなんです。「女の子みんな大好き！」って感じではないし、「女の人の考えていることよくわからないな」「あんまり仲良くしたくないな」みたいにして距離を置いているところはあるんですけど、なめてはいないつもりなんです。もしかしたら同族嫌悪かもしれないけどね。だからそういう人がのうのうと普通の生活をしているのは僕は許せないなと思っちゃうので、女性の皆さんも勇気を持ってしっかり対応してほしいなとは思います。もちろんそれはそれで怖いんだろうね……。

これを聞いている男のリスナーさんはもちろんそんなことはしないと思いますけど、もしも周りでそういう目に遭ってる、遭いそうな人がいたらぜひ助けてあげてください。

もしも僕のことをストーキングしている人を発見したら、皆さんに報告したいと思いますので皆さん期待せずに待っててください。

OTAYORI

17

ラジオネーム「ドゥーマ」さんからのお便り

僕は社会人3年目です。自分の任されている仕事に慣れ始め、ある程度自分自身に余裕が生まれてきましたが、この前ちょっと余裕が無くなることがありました。とある作業に別の部署の先輩と一緒に取り組んでいたのですが、最中の会話で結構ガチめな説教をされてしまったのです……。内容は僕の「敬語」についてでした。僕のいる現場の先輩は皆さん30代以上で、フレンドリーな方が多い現場です。同じ部署内では皆仲がよく、僕ものびのびと仕事に取り組ませてもらっています。今思えばこれも言い訳になるのかもしれませんが、そんな先輩方に「敬語」を使うことを忘れてしまうことが多々ありました。ですがそれは僕に限った話ではなく、30代の先輩方で、40代から定年間際の先輩方に敬語を使っていない、というより、使わなくてもいい程に付き合いが長い関係が確立されている先輩もいます。

話は少し前に戻りますが、そんな現場で営業部の方と仕事をする場面がありました。営業部の先輩と話してる中で、僕が敬語を使っていないことを指摘され、「現場では良いかもしれない。いや現場でもダメだと思うけど、敬語はちゃんと使えないと、お前が今後損するんだぞ？　俺は取引先でも年下にタメ口でこられたらムッとしちゃうんだよなー」と、「はい、その通りです……」としか言えない詰め方で来られ、冷や汗をかきながら頷くことしかできませんでした。

現場で働き始めて3年目、ある程度職場の雰囲気も分かってきた中で、敬語を使

放送回

虫も殺さないラジオ　#183

わなくても許される環境だということも分かってるし、敬語を使わないといけない場面ではちゃんとそうしてきたつもりだったのですが、その判断基準が甘かったのかなと思いました。説教をしてくれた先輩はフレンドリーな方だったので、僕自身「この人にはこのノリでいけるだろ」みたいな甘えがありました。おそらくあの言い方はかなり前から僕のそんな態度に疑問を抱いていたようでした。

それからは今までタメ口で話してきた現場の先輩方には当然敬語で接するようになりましたが、まだ抜けきっていないので、たまにタメ口で話してしまいます。まだまだ修業中です。その先輩のことはもう怖くなってしまって、目を合わせてもちゃんと挨拶するだけでそれ以上は踏み込まないようにしています。

学生時代までは自分の、敬語を使わずに先輩たちに踏み込んじゃう、みたいなのを「フレンドリー」って言葉で片付け、むしろ自分の良いところだと思っていましたし、実際先輩たちとの関係は良好だったと思いますが、社会人になるとそのような自分の「あたりまえ」も「社会的にはどうなのか」みたいなもので抑え込まないといけなくなるのですね……。3年目でこんなことにやっと気づいたのが情けないです。

虫さんも年下にタメ口でこられたらムッとなりますか？　僕は岡崎で虫さんに会っても、敬語で接すると思います。ほんとはタメ口でいって少しでも仲良くなりたいところですが……。

人によるんだろうね、これ。僕は年下だからとかそういうのでタメ口きかれても怒るわけないと思うもんな。よく視聴者さんに声かけられる際は、ほとんどの人はやっぱりちょっと緊張して非常に礼儀正しい声のかけ方をしてくれるんですけど、たまにアホっぽいというか、まぁ調子乗ってるように見えるというか、「虫眼鏡〜」って呼び捨てにして走って向かってくるようなやつもいるわけですよ。僕のことが好きでそれをやってるっていうのが分かるから嫌じゃないのかもしれないけど、別にそれでムカってすることもないし、なんなら僕は「どうせ僕のいないところで『虫眼鏡虫眼鏡』って呼び捨てにしてるんだから、いいよ虫眼鏡『さん』とか言わなくて」って思っちゃうくらいなんだけど。またそれはちょっと特殊かもね。好きだから、嬉しいからあえて喋りかけてきてるっていうのが分かりきってるから嫌じゃないんだろうね。

でもこのタメ口きかれて腹立つか立たないかって、年齢じゃない気がするんだよな僕。そりゃそうやと思うかもしんないけど、自分の弟妹にタメ口きかれても別にムカつかないし、小学生くらいのキッズに「○○だもん」てタメ口きかれても別に怒れないやん。何なんだろうね。多分自分の心の中で偉さみたいなものに順位付けしてんだろうね。それで、クソガキとか弟妹とかはもうその土俵にすらのってないからもう関係ない。で、その偉さを決める指標の一つが年齢なんだろうなっていう話ですけど。

ドゥーマさんも反省して自分の行動を何とか改善しようと努力してるみたいだし、今更僕が追加でお説教することはないんだけど、ひとつ思ったのは、別に敬語を使ったとしてもフレンドリーには接せられるからね。僕は多分、バディさんには敬語を使ってます。からあげくんとかバジマとか年下だけど基本的には敬語で喋ってるんだけど、「あれ、タメじゃなかったっけ?」って思うくらいフレンドリー感はあると思う。てかむしろそれが一番楽っていうか心地よくなるよ。んでもって例えば好きな女とか、この人は本当に仲の良い、心が通じ合ってる人だっていう人に対してタメ口で喋る時に、そこに明確に差が生まれるというか。タメ口使って気持ちいいみたいな気持ちに自分がなったりするんじゃない? それが真のフレンドリーじゃない? 知らんけど。

まあでも虫眼鏡には別にタメ口で大丈夫です。よく「ラジオ聴いてます」ってめっちゃ話しかけられるんだけど、そういう人に対して「あれ? なんで敬語使ってんの?」っていうふうに言うわ。

OTAYORI

18

ラジオネーム「ちゅーそん」さんからのお便り

虫さん、こんばんは。いつもラジオ、動画ともに楽しませてもらってます。さっそくですが、先日の動画で気になったことがあるので質問させてください。以前、東海オンエアの給料は歩合制という話がありましたよね。それって、出演者は全員均等にもらっているのでしょうか?

例えば、先日のしばゆーのベッドが狭くなっていくやつ、てつやの1週間ほろ酔い生活など、一応メンバー全員出てるけど1人だけめっちゃ身体張ってる系は、その人は多めにもらえたりするのでしょうか?

また、ドクターやてつや母、増田くんなどのゲスト出演や、Quiz Knockさんや水溜りさんなどとのコラボでは、相手にもお金を払っているんでしょうか?

視聴者さんにも気になってる人は多いのではないかと勝手に思っているので、是非答えて頂けると嬉しいです。

放送回

ふつおたのはかば　#83

前者は全員均等にもらえます。

見てる側は「てつやだけいつもひどい目にあってるじゃないか！」ってお思いになるかもしれませんが、皆さんはそういう見えるところしか見てないのです。

例えば、クイズを作ってきて、「負けた人は罰ゲーム！　これだ！」って言って「またてつや罰ゲームかよ！　てつやだけいつも可哀想だよ」ってなるかもしれませんけど、その動画で一番大変だったのは問題を作ってきた人ですからね、どう考えても。その人だけ撮影前に何時間もかけて準備しているわけですから。

皆さんが「これ大変そう」って思いやすい要素だけじゃないわけです、東海オンエアに対する頑張りっていうのは。なので、そういうのを全部ひっくるめて「均等になるように皆努力しましょう」と考えてます。てつやみたいに体張るのが得意な人はそこで頑張ればいいし、僕みたいに若干裏方の役目が得意な人はそこで頑張ればいい。同じ額をもらっているんだから、同じくらい貢献しようねっていう意味も込めて均等に払っています。

そしてゲストには払っていません。なぜかというと、ゲストというのはあくまでも友達だから出てるよっていうテンションなので。

だから撮影にかかった備品とかの金は払いますけど、東海オンエア以外で出演していただいたからという理由でお金を払ったことはないかな。プロの方を除いて。

なので、視聴者の皆さんが動画に映ってもお金はあげません。でもジュースは買ってあげる。

OTAYORI

19

ラジオネーム「ボールペンはSARASAが好きです」さんからのお便り

虫さんこんにちは。

真面目な人が損をする状況にモヤッとしている19歳の女です。

あくまで例ですが、毎日授業にきちんと出ているAくんよりも、いつも来ないヤンキーのBくんがたまに出席する方が褒められるのはなんでですか？　いつも部活前に早く来て準備しているCちゃんよりも、遅刻常習犯のDちゃんが間に合っただけで褒められるのはなんでですか？

しかも大抵AくんやCちゃんは1回ミスしただけで怒られます。なんなんこれ。

私はどちらかというとAくんやCちゃんタイプなのでこういう状況でモヤッとすることがたまにあります。そしてそのモヤッの中に自分の承認欲求みたいなものを感じてさらにモヤッとしてしまいます。

愚痴みたいになってしまって申し訳ないですが、虫さんはこういう経験ありますか？

これからもラジオ楽しみにしています！

放送回
虫も殺さないラジオ　#13

めっちゃわかりますね。僕もAくん、Cちゃんタイプなので。しかもなおさらムカつくのは、普段頑張れない人が褒められると調子に乗るんですよね。自分が迷惑をかけてることに気づいてないというか、自分ができない側の人間だっていうことに気づいてない感じがするんですよね。それでなおさらムカついちゃうという面もありますよね。僕もいまだに結構イライラしちゃうことがあるんですけど、ここで昔僕が働いてたバイトの店長に言われた言葉を紹介しますね。

「できない人を褒める『褒め言葉』は本当の『褒め』じゃない。ただ褒めて伸ばさなきゃいけないから、『一応褒めておくか、戦略的に』という感じで、心からの褒めじゃないよ。逆に、できる人が1回ミスしただけで叱られる、それは本当の『叱り』じゃないよ。上の人からしたら、『できないやつは褒めて伸ばそう。できるやつは叱って伸ばそう』と思ってるだけ。だから褒められてるからできない奴の方が優れてるって感じるのは違う。できるやつには期待して叱ってるわけだから、叱られる方が嬉しいことだと思ってくれ」。僕はこう言われて、そっか、と思ったんですよ。

皆さんも、ちっちゃい子に向かって「おーすごい！　できた！　できたね」って褒めてあげるのって、本当にすごいと思って褒めてるわけじゃないですよね？　本当にすごい時は心から出ちゃいますよね？　だから、「あいつ褒められてていいなー」みたいに考えるんじゃなくて、「あいつ、褒められていい気になってる。可愛いなぁ」みたいな感じで、広い視点で見てあげられるようになると、人間として成長できるのではないかと僕は思います。

と言っても僕も全然できてないので、ボールペンはSARASAが好きですさんと一緒に成長しなきゃいけないとこですね。頑張りましょう。

OTAYORI

20

ラジオネーム「ゆきみるく」さんからのお便り

虫眼鏡部長、こんにちは。

私の悩みはテスト前になると、「ノート貸して」と言ってくる人への対処法です。

授業中に寝ているのに、テスト前にノートを借りたところで、分からないと思うし、テストで高得点を獲ろうとしている心根がよく分かりません。

授業中寝ずに授業を受け、ノートに先生が言ったことまでメモするタイプの人だとバレているのは仕方がないと思いますが、私の努力を寝てる人にあげるほど優しくありません。

部長はこういう経験ありましたか？

また、良い断り方があれば教えてください。

放送回

虫も殺さないラジオ　#11

めちゃくちゃわかるわ、これは。僕もノートをすごい綺麗にとる勢だったし、「ノートコピーさせて」とか言ってくる子はいましたね。

でも僕はコピーさせてあげてました。心の中では僕も「だったら自分でとれよな」と思うんですけど、どうせその人たちは授業を聞いてないので、僕よりもいい点数を取れないんですよ、絶対に。僕のノートを借りたところでね。だからまあいいかと思ってました。

例えば自分が90点取るんだったら、本当は60点しか取れなかったやつが80点まで上がったとしても、「まぁいいや、別に。僕の力で20点上げてやったわ」くらいにしか思ってない。自分の点数を抜かれるとなると、それはちょっと悔しいけどね。

だからこそ逆に、「虫眼鏡のノートを借りて、虫眼鏡よりいい点数取ってやったわ」って言われることがないように、僕は負けないようにはしてたね。

ゆきみるくさんも一回、他の人のノート見せてもらえばわかるかもしれないですけど、他人のノートほどわかりにくいものはないですからね。あまり気にせずに貸してあげたらいいんじゃないのって僕は思っちゃいます。

でも本当に仲のいい子だったら言ってあげた方がいいかもね。「お前、自分でとってるの？」って。「とってないんだったら駄目じゃない？　別に貸してあげるけど、自分でとらないと意味ないと思うよ」みたいなことをチクっと一回、軽くね、言ってあげておいた方がその子のためにはなるかもしれないですね。

OTAYORI

21

ラジオネーム「世界のキッチン」さんからのお便り

虫さんJó napot kívánok！（ヨーナポトキーヴァーノク）

いつも虫コロラジオ、東海オンエア楽しく拝見拝聴しています！

私は2021年9月からハンガリーにバレエ留学が決まった18歳です。

1年間虫さんのラジオを聴きながらランニングやウォーキング、筋トレに勤しみ体重を落とし、やっとハンガリーのバレエ学校から入学許可をいただきました！

これは虫さんのおかげと言っても過言ではないです。

本当にありがとうございます！！！

正直感謝を伝えたいがためのメールですが一応質問です。

虫さんはもし海外に留学するとしたら、どの国で何を学びたいですか？

これからも応援しています。

放送回

虫も殺さないラジオ　#131

過言です。

素晴らしいですね、これは。

というか、留学できるんだね、今。

なんか普通に話を聞いてるだけでもすごそうっていうのが伝わりますので、おめでとうございます。頑張ってください。

虫さんはね、もし海外留学するとしたら、でしょ？　絶対したくないな。

絶対にしたくないけど、オーストラリアかな。日本に近い英語の国だから。それで、英語を学びたいです。それくらいですかね？

僕、本当に海外好きじゃないんだよな。

OTAYORI

22

ラジオネーム「ままん」さんからのお便り

虫眼鏡さんはじめまして。

私は、会社で後輩達に「ままん」と呼ばれておりますが、家に帰れば23歳と20歳の娘のお母さんです。いつも楽しい時間をありがとうございます。

先日、取引先の仲の良いお客さんとお話をした時の話です。

その方は、そこそこ有名な、「大きなお堅い企業」の「そこそこお偉いさん」で、今度東海地区である会議に出張されるとの話をされていたので、ついつい、「やはり御社くらい大きいと、戦略的に『東海オンエア』はさすがに使えませんよね?」と言ってしまい、東海オンエアとはなんぞや、そもそもYouTuberとはなんぞやのゾーンに入ってしまいました。

見るからに頭の固そうなおじさんにそんな話をすることはただの時間の無駄なので、そんな過ちはおこしませんが、このお偉いさん、さすがお偉くなられるだけあって、思考がかなり柔軟なため、かなり食いつかれました。

外務省ネタ、東海オンエアの岡崎における経済効果などをお話させてもらいましたが、そもそもYouTubeをちゃんと見たことないとのことだったので、

「食べ食べポーカー(後編)」と「聖書」の2本をお勧めしました。

後日連絡を頂いた時に、「あれから何本か東海オンエアを見させてもらったけど、僕は文理対決が好きだな。虫眼鏡君は僕たち世代と(50代です)YouTubeの懸

放送回

虫も殺さないラジオ #99

け橋だねぇ。彼がいることで入りやすくなる。いいねぇ。彼はいいねぇ」としきりに褒めておられました。

「ほかのメンバーで気になった人はいませんか?」と聞くと、「りょうくん」と言うのでとてもビックリしました。

「え?????　なぜ?????　(そんな女の子みたいなwww)(しかも〝くん〟付けってwww)」

「だって彼じゃんけん強いじゃん」

最早、部長のことをさんざんお褒めいただいたのもちゃんとした根拠があるのかと疑ってしまいましたが、今後東海地区限定で(全国展開は某有名人がCMしておりますので)、え?　その会社?　っていう案件が出てきましたら、私のおかげなので、その時は弊社のYouTube展開にアドバイスをください(嘘です)。

最後に、本当に毎日楽しい時間をありがとうございます。

コロナの自粛期間も快適に過ごせたのは、みなさんのおかげです。

ありがとうございます。

これからもどうぞお身体をお大事に。

ままんより
P.S.小麦粉は生食に適しておりませんのでご注意ください。

虫さんの回答

これ、なんのP.S.なんでしょうか？

でも気になるなあ。一個、「あれのこと⁉」っていうのがあるんだけど、あれのことなのかな？だとしたら、ありがとうございますどころの騒ぎではないですけど、ちょっとどうなるかわからないので言わんときます。

こういう東海オンエアのことを知ってくださってる、——ままんさんに愛情を込めて「おばさん」とお呼びしますけれども——こういうおばさんが、偉いおじさんたちと繋げてくださっているということなのかもしれませんね。ありがとうございます。


しかしこの言葉は嬉しいですね。「僕たち世代とYouTubeの懸け橋だね」っていうのは。別に僕はおじさんたちでも入りやすくなるように心がけようと意識してやってるわけじゃないんですけど、やっぱり東海オンエアって僕だけルーツが違うわけですよ。だからたまに他の5人とは意見が割れることもありますし、ちょっと感性が違うメンツが入ることによって、5人の面白さをうまいこと世に発信できるお手伝いができているのかもしれないなと、今このお便りを読んで思ってしまいました、僭越ながら。

僕は東海オンエアではどちらかというと演者の中では裏方寄りというか、クイズを作ったり司会進行をしたりとかで、第一線で体を張って活躍してるわけではなく、そのために「虫眼鏡だけ全然罰ゲーム受けねえじゃねえかよ！　虫眼鏡にも罰を与えろ！」っていうような理不尽なコメントで心を痛めたりもしてるんですけど、こういうコメントに逆に癒やされてしまいました。

ざまぁ！

でも、ままんさんがめちゃくちゃ偉い人にオススメする動画は「食べ食べポーカー」と「聖書」なんだなっていうのはなんか「へぇ～」と思いますね。若い子が好きな動画と、おじさんおばさん方が好きな動画ってどういう違いがあるのかなって、研究したくなりました。

たぶん僕はもう思考がおじさん寄りというか、勢いだけで「変なことしちゃった！　おもしろ！　パーン！」っていうのからは卒業しかけてるので、おじさん化を逆手にとって、上の世代、偉い世代にも受けのいい動画を作っていこうと決意した28の夜でありました。ありがとうございます。

OTAYORI

23

ラジオネーム「うさぎもち」さんからのお便り

虫眼鏡部長
はじめまして。

個人チャンネルの開設、おめでとうございます。

メールアドレスを公開されていたので、ここぞとばかりにお便りをしたためたいと思います。

突然ですが、私は31歳の既婚者です。

主な趣味はジャニーズアイドルの応援、いわゆるジャニオタ活動なのですが、2番目に好きなのがYouTubeです。

その中でも、東海オンエアはいちばん好きなチャンネルで、メンバーの皆さんのこともそれぞれとても好きで、推しメンバーは虫さんです。虫さんがひとりで喋っている声も好きですし、エッジィなツッコミをひとことポンッと放り込むのも好きです。早く黒髪メガネに戻してほしいです。

ジャニオタ活動の方では、ほぼ同い年の手越くんのファンなので、同年代のジャニオタがたくさんいます。同じような歳のオタクたちとワイワイするのも楽しく、とても充実しています。

ところが、東海オンエアの皆さんにおかれましては、著しく歳が下です。

放送回

ふつおたのはかば　#1

メンバーの皆さんですらかなり歳下なのに、どうやら視聴者層はもっともっと下の世代らしいではないですか。

今度の水溜りオンエアイベントや、今後計画されるであろうイベントなど、現場に赴きたい気持ちがとてもある一方で、いい歳した大人が目の前に現れたとき、メンバーの皆さんを困惑させるのではないか？　と、ビビってしまっています。

そこで、ぜひ、虫眼鏡部長のラジオでは普段の動画の視聴者層よりも上に向けた企画なども盛り込んでもらえたら嬉しいです。

そして、虫眼鏡部長の前に私が現れるときに「こんな風に振る舞ったら困惑せずに大人を受け入れるよ」というようなアドバイスがあれば参考にさせていただきたいです。

若作りするべき？　あえて頭の悪い雰囲気で見下しやすくいくべき？　など、悩み出したら夜も眠れません。

どうぞよろしくお願いいたします。

失礼ながら、おばさんと呼ばせていただきます。確かにイベントとかに来てくれるのはやっぱり女子中高生が一番多いんですけど、そんな中に失礼ながらおばさんが交ざっているんですね。僕たちは非常に嬉しいです。

語弊があるといけないですけど、やっぱりちょっと女子高生ってエロいじゃないですか。女子高生に頭ポンポンとか、軽くハグとかしているの見ると、ちょっとなんか気持ち悪いじゃないですか。でも例えば、「お母さんも好きなんですよ」って言って小さい子供のお母さんも一緒に来てくれることがあるんですけど、そういうお母さんとかには躊躇(ちゅうちょ)なくハグできるんですよ。「なんでおばさんいるの？」っていう気持ちなんて全然なく、大人が応援してくれるのは非常に嬉しいです。

男もそうなんです。女の子が多いんですけど、たまに男が「なんか女めっちゃ多いですね」って言いながら来てくれると、すごい嬉しくて、「男め！」って言いながらスキンシップ取れるので。

そういうので躊躇している方がもしいらっしゃったら気にせずに来てくださいって思います。

OTAYORI

24

ラジオネーム「悪しき受験生」さんからのお便り

虫さんヴォンサバサヴァサバ！！！

新高校3年生の悪しき受験生です。私は今いわゆる〝自称〟進学校に通っています。先輩の進学先が学校に掲示され始めるこの頃、そろそろ志望校というものを決めなければいけない時期にもなってしまいました。


ここで本題です。

今日の学歴至上主義についてです。

虫さんがご存知であるかは分かりませんがYouTubeにも受験界隈ならぬ〝学歴界隈〟なるものが存在します。

その中に入り込んでしまった私は大学の偏差値の優劣を気にしてしまい、自分の第1志望の大学にさえもコンプレックスを感じてしまい毎日志望校について考えてしまう今日この頃です。


京都大学B判定の虫さんは近くの大学に進学されたと仰っていらっしゃいましたが、僕になにかアドバイスをいただけませんか。
P.S. 共学行けばよかったなあ……。

放送回

ふつおたのはかば　#85

虫さんの回答

もう過去の話だし、「何を言ってるんだ、お前」っていうやつもいないので適当に言っちゃえと思うんですけど、正直僕は非常に頭良かったですよ、高校時代。大体成績はクラスで1～3番で、国語とか化学の成績は学年で一桁当たり前、みたいな。正直、数値的には行きたいなと思える大学だったらほとんどどこにでも行けたな、くらい。東大と早慶はちょっとあれだったけど、それ以外のところはまぁ変な学部にしなければA判定出るな、くらいの位置にいたんだけど、いろいろ家庭の事情などあり、あと普通に将来学校の先生したいなっていう気持ちもあったので、一番家から近い国立大学の愛知教育大学っていうところに行ったんですけど、一回もそういう学歴コンプレックスみたいになったことないよ。

僕の通っていた高校はクソアホはいないくらいの高校だったので、まあまあみんないい大学に行ったんですよ。僕の友達とかも東京のちょっとおしゃれな大学に行ったり、名大とか京大とかに行った子もいるけど、「明らかに僕はこいつよりは頭いいわ」「こいつには一回もテスト負けてないわ」っていうやつとかが僕よりいい大学に行ったりしているんですよ。でもね、気にならないよ、下は。

上にいる人は気にするのかもね。気にするというか、得意になれるのかもね。「俺はこんな大学に行っちゃったもんね。お前はせいぜい愛教大だけど。ふん」と思ってるのかもしれないけど……。なんか下側の人ってちゃんと自分の環境で満足できるから、あんまり「うわ。もっと上に行けたのに、俺」とか思わなかったな、一回も。

東海オンエア見ててもそうじゃない。僕は東海オンエアの中でも一番学歴あるけど、他の5人が僕を見て「くぅ！　俺たちももっと学歴があれば！」って悔しがってるかって言ったら、全く何も思ってないよ。思い切って下に行っちゃえば何とも思わないと思いますよ。

悪しき受験生のレベルがどれくらいなのかわからないですけど、逆にクソ下にしてみたら？　もちろん自分が将来何になりたいかっていうところまで考えなきゃいけないし、ある程度企業も学校の名前で見てくるところもあると思うから、あんまりいいアドバイスじゃないのかもしれないけど、少なくともそんなに一生懸命大学のレベルとかを考えるのは高3だけだよって思ったりもするな。

あとひとつ訂正させてください。「ほとんどの大学でいい判定もらっていたよ」ってさっき言ったけど、東大、早慶だけじゃなくて東工大も厳しかったです。すいません。

僕は愛教大しか行く気なかったし、推薦みたいなのでだいぶ早めに合格をもらっちゃったんですよ。だからそこから先の模試とかマジでやる意味なくて、「やらなくていいですか」って先生に言ったんだけど、「だめだ！　他の奴らはみんな真剣に受験に取り組んでいるんだ！　白分が受かったからってお前はそれでいいのか⁉」って言われて、「いや、それでよくね？」って思ったんだけど、結局先生に受けろと言われたので渋々受けて……。あんなん遊びやん。だから好き勝手いろんな大学名を書いてたので、ちょっとおもろかったですね。「ふん。この学部に本当に進学したいやつめ。僕がいることによって、1人志望者が増えててビビってやがるわ」って思いながらね。

OTAYORI

25

ラジオネーム「モンモンイ」さんからのお便り

虫眼鏡さんこんにちは！

いつも楽しく動画みさせてもらっています！

私は愛知県に住む高校生です！

私は韓国のアイドルやドラマが好きで韓国ヲタクをしています！

でも私の父は韓国が嫌いです。日本と韓国の間で起きた政治での問題などの話をしょっちゅう私にしてきて、韓国なんかに金を貢ぐな、お前の好きなアイドルも全員反日なんだぞ、などと私に傷つく言葉を言ってきます。たしかに政治の面ではたくさん問題があったり歴史上いろいろなトラブルがあることもわかっています。でも私の好きなものを否定してくる父が許せません。どうすればいいでしょうか、やはりどうにもできないのでしょうか。虫眼鏡さん答えてくださると嬉しいです!!
P.S. いつか虫眼鏡さんの彼女さんをラジオに登場させてみて欲しいです！　いつも応援しています！

放送回

虫も殺さないラジオ　#20

この話題はすごく難しいですよね。僕は韓国のアイドルとかドラマとかにあまり興味がないので、韓国のことが好きですか？　嫌いですか？　って言われたら、あまり興味ありませんくらいの答えしかできないので、僕が日韓関係を語るのもおかしい話だとは思うんですけど、政治上他の国とぶつかることは仕方のないことなんですよね。仲良くしようとして他の国の言いなりになるのはそれはそれで違う。喧嘩しなきゃいけないところではしなきゃいけない。政治問題ってそういう問題じゃないですか。

そういった意味で、私たちの代わりに政治家の皆さんが仲良くするよ、でも譲れないところは譲れないよって感じで、僕たちの代わりに喧嘩してくれてるわけですよ。そんな感じで今頑張ってくれてる政治家の方がいらっしゃるのに、国民である我々が「そんな喧嘩なんてもういいやん仲良くしようよ」ってそういう理想論ばっかり唱えるのは、問題意識がないなーって思うところもあるわけですよ。世界中のいろんな国が外国との間にトラブルを抱えていて、その中でうまいこと全ての国が「まあこれならいいか」って思えるルールみたいなものを模索しているんです。特にお父さんが韓国嫌いというふうにおっしゃってますけど、そのお父さんとかお母さんの世代は、韓国とすごくうまくいってなかった時代を生きてきてる人だと思うので、まあ嫌いって言葉だと語弊があるかもしんないんですけど、韓国のこと嫌いっていうふうに思っちゃってるんだと思います。

もちろんモンモンイさんもそんなことはわかっていると思います。モンモンイさんが言いたいのは、その気持ちを自分の好きなアイドルやドラマを否定する材料にするなってことですよね？　政治の話を持ち込んで来るなってことですよね？　それはね、おっしゃる通りなんですよね。

さっきも言いましたけど、政治上とか歴史上のトラブルにおいて我々は日本の味方をするしかないんですよ。なんでかっていうと日本人だから。「そんなん別によくね？」っていうのは無責任なんです。ただそれを置いといて、「韓国には素晴らしい文化があったりだとか、素晴らしいアイドルがいて魅力的なドラマがあるよ。それはそれで素敵なもんじゃないか」と認められる。そんな気持ちの切り替えというか、「罪を憎んで人を憎まず」と言うか、それとこれを切り離して考えるのはすごい大事ですよね。だから僕も、「韓国が嫌いだからといって韓国のアイドルにお金を使うんじゃない」っていう意見は暴論だなと思うし、筋が通っていないなと思います。

でも、例えば僕がモンモンイさんに「てつやがドラクエのことを否定してくるんだよ。どうすればいいかな？」って相談したら、良い答えを思いつきますか？　多分だけど、「いや、それ虫眼鏡さんの方がよく知ってるでしょ。虫眼鏡さんの方がいい反論思いつくでしょう。だって好きなんでしょ？」って答えると思いませんか？　僕も今そんな気持ちです。

好きなんだよね？　それって人に否定されたからといって好きじゃなくなっちゃうレベルのものじゃないよね？　本当に好きだったら、僕が今ここで適当に考えたアドバイスよりも、もっといい反論の仕方を思いつくと思うんですよ。

僕は今、相談されたにもかかわらず自分で考えろって言っているのと同じになっちゃうんだけど、それでもやっぱり自分で考えた方がいいかなって思います。お父さんに否定されるから、お父さんから隠れてこそこそ活動を続けるのか。それともお父さんにキムチをうっかり食わして、「お父さんが今食べたキムチは韓国のものなんだよ。お父さんは韓国のこと嫌いだからといって、韓国のキムチを食べたじゃないか。だから私が韓国のアイドルを好きだと言っても、それは韓国とのトラブルを正当化してるわけじゃないだろう。関係ないだろそれは別に！」って言って論破するのでもいいし、お父さんの前で韓国のドラマを流しておいてお父さんがちょっと続きが気になるようにするとか……。

　韓国のことが好きなモンモンイさんだからこそ考えつく反対意見があると思うので、それをお父さんにぶちかましてあげてください。それに、モンモンイさんとお父さんは血が繋がってるわけですから、何かしら気が合うところとか考えが通じるところがあると思うので、そこも見つけられたらいいんじゃないかなと思います。

「こうすればいいよ」とアドバイスを返せなくてごめんねと思いますけど、そこは自分の好きなものを自分で守ってください。と、男らしい答えを返してみます。

OTAYORI

26

ラジオネーム「妄想」さんからのお便り

かき氷はイチゴ味に練乳ぶっかけ派の妄想です。

かき氷で思い出したんですが、小さい頃スキー場へ行ったときに積もっている比較的綺麗な雪に持参したかき氷シロップをドバーっと好きなだけかけ、バクバク食べたことがあります。その当時は無限かき氷の嬉しさに夢のような時間を過ごしたと思うんですが、今になってよく考えたらバカすぎる行為だったな……と反省しています。

人工雪ではなく自然に積もったものだったとしても衛生面的に最悪すぎる上に冬のスキー場の極寒の中で雪を大量に食べる、という不衛生不健康極まりない行為だったにもかかわらずよくお腹を壊さなかったな、と小さい頃の私の腹の強さに驚いています。ですがそう思う反面、最高にロマンのある行為だったなとも思ってしまいます。今の時代こんなことはもう絶対にできないだろうなと思うと、生きているうちにやりたいこと第78位くらいにランクインしそうなこの無限かき氷、ぶっちゃけやってよかったです。孫ができたら自慢します。

ロマンの具現化の東海オンエアのみなさんもいつかやってみてくださいね。

放送回

ふつおたのはかば　#13

練乳ぶっかけとか言うな……。

これはすごく分かります。
僕はつねづね死ぬ時に他の人より多くのことを体験して死にたいと思っているんですけれども、大人になっちゃうとできないなっていうこととか、別にもうやりたくねえなってことがたくさんあるわけですよ。それをあえて「やりたくねえな」と思いながらやるのもちょっと違うので、子供の夢は子供のうちに叶えておいた方がいいっていうのはすごくわかる。
だから僕はこの話を聞いて「やりてえなあ」とは全然思わないんですけど、それを経験したことがあるという面においては「羨ましいな」と思ってしまったりしました。

いいな。

OTAYORI

27

ラジオネーム「Ｆオンエア」さんからのお便り

虫さん、いざ尋常に!!　Ｆオンエアと申します。33歳おじさんです。ごめんね。
初めて切り捨て御免に挑戦します。お手柔らかにお願い致します。

①【生き残れ】食べ物落としたら即帰宅のＢＢＱ

②【五輪】東京五輪開催中令和十字架交換〇〇

③【なおき】これ誰が原作の漫画でしょう

④【マイスポ】ハンドボールのペナルティスローならプロから1点取れるんじゃね？

⑤【マイスポ】オレもハンドボーラーみたいなかっこいいシュート決めたーーーい！！！

以上です。

放送回

虫も殺さないラジオ　#132

お！「【なおき】これ誰が原作の漫画でしょう」！

このネタはなんと！　東海オンエアでやりましたよ、Ｆオンエアさん！　しばゆーからの提案だったので、Ｆオンエアさんはしばゆーと同じ思考回路を持っているということですね。おめでとうございます！

「生き残れ！　食べ物落としたら即帰宅のＢＢＱ」

なんだこの動画。そんな物を落とすの？　バーベキューって。あるある？　僕はあんまりそんな印象ないけどな。

【マイスポ】ハンドボールのペナルティスローならプロから1点取れるんじゃね？

これ、なかなか点が入らないんだったらあるよ。僕、ハンドボールについて詳しくないから、あんまりわからないんだけど。「うん。意外と入りましたね」って感じだったら無理だと思うけど、「そんな素人のシュートなんて入るわけないですよ」っていうキーパーがいるんだったら面白そう。チャレンジ企画としてはね。球の速さとかコースとか以外にもあるのかな？　ちょっとした目線のフェイントとか……。これはちょっとハンド部に聞いてみるわ。

OTAYORI

28

ラジオネーム「赤い金木犀」さんからのお便り

第74回では、すみませんでした。僕は赤い金木犀と申します。なにゆえなにゆえ、わたくし赤い金木犀、虫コロラジオへの意味不明な使命感に燃やされ、灰になってしまいそうなほど意欲的にお便りを書いては消し、書いては消し、今やドライアイが俄然進行中の身なのです。そして今日の朝、わたくしの夢に中学生のときに好きだった女の子が出てきたので、その人へ僕が渡したラブレターが気持ち悪いか悪くないかを虫さんやリスナーさまに判断してもらおうと思いましたので書くことにしました。

その女の子を初めてみたとき、僕は男の子だと思ったのです。耳がちょうど隠れるくらいの髪の長さでさっぱり、白くて、そしてとてもイケメンだったから、なんかやりちんですなぁと思ってたんだけど、ちがくて、とても寡黙な女の子で、寡黙も寡黙、その寡黙さ故に、その女の子のかわいさには誰も気付かないような、隅っこの花でした。恋愛にも興味なさそうだし、私立高校の受験も受けてなかったし、逃げ恥も知らない、そんな変わった女の子です。でもねぇー、恋しちゃったのよ。中学3年で初めて同じクラスになって、まじで誰からもその女の子は告白をされるような女の子じゃないという感じだし、彼女も告白という風習を知らないような子だったし、俺も告白なんてできるわけないから、日々は過ぎ、卒業まであと3日、俺、焦る、ラブレター、下駄箱に入れる。内容、こちら。

放送回

ふつおたのはかば　#77

「あなたが好きです。もしよろしければ、朝読書のとき、8：20になったら2回咳をしてください」

消えゆく幸せのカテゴリー。

ん〜〜〜〜〜気持ち悪い。
皆さんこんばんは。東海オンエアの虫眼鏡です。
すいません。ちょっとね、オープニングトークの方でよくわからないノイズのようなお便りが入ってしまいましたけれども、聞き流していただければと思います。

OTAYORI

29

ラジオネーム「良く謙虚」さんからのお便り

虫さんこんにちは。共通テストが終わったばかりの高3男子です。

最近虫さんがふんどし生活になったおかげ？で、自分が小学生だった時のことを思い出しました。自分の小学校は伝統を重んじる学校だったので、4～6年生は水泳の授業ではふんどしでした。ふんどしの締め方は多分今でも覚えています。他にも、ゴーグルを付けるのもダメ、制服は年中半ズボン、真冬であろうと上着はすっぺらいコート1枚だけ、などの様々な規則がありました。

今思えば、まるで東海オンエアの罰ゲームではありませんか。もしかすると、自分は6年間「小学校に通う」という十字架を背負って生きていたのかもしれません。

自分は、こんなものは伝統を守っているというよりも、進歩していないだけではないのかと思ってしまいました。虫さんは、これらの校則に意味はあると思いますか？お答えいただけると、とても嬉しいです。

これからも応援しています。

放送回

ふつおたのはかば　#32

ないんじゃない？

他の回でも喋ったことあるんですけど、ツーブロックにしちゃだめとか、髪の毛を染めちゃダメとか、制服を着なきゃいけないとか、一見子供たちからしたら「何でそんなことに縛られなきゃいけないんだ」っていうようなルールがたくさんあるんですけど、一応あれは大人の言い分があるわけです。みんながヤンキーに絡まれないようにするためとか、他の人と違うんだっていうのを際立たせないようにするためとか、「まあそういう考えもあるよな。でも！」ってなるから議論になると思うんですけど、こういう「ふんどしで水泳をやりましょう」って、伝統以外に何か理由ありますかって言われたら出て来なさそうだもんね。僕は伝統嫌いなので、「そういうことになっているから」「そういう決まりだから」「前までそうだったから」っていうのは「脳死してるな」「思考が止まっちゃってるな」って思っちゃいますね。

ふんどしで水泳なんて透けちゃいそうですけどね。4～6年生なんていったらもうお毛毛も生えてる人は生えてますからね。透けちゃって「お前生えてんの？」って言われて、恥ずかしい思いをした人もいるんじゃないですかね？

ちなみに女の子はどうなんですかね？

分かるよ、これは。多分その当時の僕たちも態度とか顔に出てたかどうかわからないけど、うるせえなと思ってたと思うよ。

全員が全員というわけじゃないけど、一番「うわ！」って思うのは、やっぱり集団の男子中高生。あくまでもそういう人が割合的に多いよっていうだけなんですけど、団体でいて声をかけてくれる人って最初すごい静かなんですよ。めっちゃ丁寧に、「すいません。東海オンエアの虫眼鏡さんですか？」って声かけてくるんですよ。それで「そうです」って答えると、僕じゃなくて仲間に対して「うわー！　虫眼鏡だったー！」って一回共有を行うわけですね。

そもそも、「東海オンエアの虫眼鏡さんですか？」「はい。そうです」っていう、この1ターン目のやり取りもいるかなってちょっと思いますね。普通に挨拶してくれて、いきなり写真撮ってもいいですかとか言ってくれた方が話が早くていいのに、その分違うこと喋れるからそんな社交辞令的なところいらないのに、と思いますけどね。

あと、「本物ですか？」っていうのもいらんよ。「本物ですか」って言われて、こっちは「本物です」って答えても面白くないし、「偽物かもね」って言っても面白くないし。スベるのでそれもやめてくれ！　これを聴いてる人はね。

でもそういうファンの方とのちょっとした交流でこっちが嫌な気持ちになるのって、めちゃくちゃこっちに失礼な態度を取ってきてむかつくというよりも、公共の場で大きい声を出したり、道をふさいで広がってたりしたら他の人に迷惑かかっちゃうよ、それを他の人が見て、「誰だよ、あいつは。東海オンエアのやつじゃん。東海オンエアのやつらが迷惑なことしてた」って思われちゃうからやめろっていう気持ちなんですよ。

だから、少なくとも僕は腕を摑まれるとかタメ口で喋られるとか雑ないじりをしてくるとかは全然平気。そっちがそういう温度感でくるんだったら、こっちもそういう温度感で返すよっていうキャッチボールができるので、全然オッケーなんですけどね。

「すいません。プライベート中にお時間取らせて申し訳ありません。本当に忙しくなかったらでいいんですけど、１枚だけ写真撮ってもいいですか」みたいな、そんな丁寧な声かけをしろと僕たちも全く思っていないので、周りの人の迷惑になるかどうかだけ気をつけてくれればいいかな。

あと、写真を撮る時に「どうしよう……！」って写真を撮ってくれる人を探すやつ。そういうやつはやっぱり童貞だと思います。彼女と写真撮ってないんだろう、てな。

OTAYORI

31

ラジオネーム「外反母趾」さんからのお便り

先日、古代エジプトのミイラ展を見に行きました。

当時のエジプトでは魂が復活すると信じられており、魂を同じ体に戻せる様に、遺体に腐乱防止の加工をしてミイラにしたそうです。

目玉展示のブースでは、ミイラの中身がCTスキャンで解析され、骨や装飾品の3Dデータをモニターで見られるようになっていました。

性別や年代、生前の地位などが推測されており、解説文がとても興味深い内容で、知的好奇心が満たされました。

ミイラの展示を鑑賞しながら、ふと思いました。

ここに横たわっているミイラの皆さんは、誰かに復活を願われた方々なんだな。

復活を願ってくれる人が周りにいて、きっと幸せな人生だったんだろう。

その想いに応える為にも、ここで今も魂が復活するのを待っているのか。

んー、現実的に、復活はちょっと難しいかもしれないなあ……。

せめて埋葬してゆっくりさせてあげてほしいな。

ミイラが展示物からご遺体に見えてきて、急にしんみりとした気持ちになりました。

少し見方を変えてみました。

ミイラの皆さんは、大勢の人がお金を払ってでも見たい対象で、貴重な史料とし

放送回

虫も殺さないラジオ　#161

て大切に保存され続ける。

ではミイラの皆さんは、今後も様々な場所で多くの人を楽しい気分にさせて、ついでにお金も稼げる方々、いわばスターということになる。

めっちゃ生き生きしてはるやん。

違った形ではあるけれど、復活を願った人の気持ちが、少しは昇華されているかもしれない。

ミイラの皆さんも、めっちゃジロジロ見られるけど、待遇は悪くないよねーくらいに思ってくれていたらいいいな。

故人の思いを勝手に妄想し、解釈を変えて納得して、なんだか奇妙な気分のまま美術館を後にしました。

私は自分の死後、ぱーっと海に散骨してもらうか、病院に献体するのもいいかなと考えています。

部長、部員の皆様は、死後に自分の体をどうするか、何か考えておられますか？

人の死に事務的に関わる仕事に就いていることもあり、ぜひ様々な考えを伺ってみたいです。

面白い考え方をする人ですね。自分が女の子とデートで古代エジプトのミイラ展を見に行って、終わった後の喫茶店でこの話をされたら、なんかすごい大好きになっちゃいそう。

当たり前のことかもしれないですけど、どこのどんなやつが亡くなったにしろ、「生き返ってくれ！」って思ってくれる人は一人や二人ぐらいいるはずじゃないですか。僕が死んだって多分4人ぐらいはいると思います。きっと古代エジプトでも、なんでもない平民みたいな人が亡くなったとて、それはその人の周りにいた方々は生き返ってほしいなと思っただろうに。

でもその中でも特別オブ特別というか、ミイラにしてもらえる人ってそれだけのカリスマ性があったってことですもんね。カリスマは死んでもカリスマなんだっていうことですよね。

三国志で「死せる孔明生ける仲達を走らす」って言葉があって、僕、この言葉が好きなんですけど、それに近いものを感じましたね。

さて、「自分が死んだら」ということなんだけど、どうなんだろうね？　僕は自分が死んだら本当に意識がなくなって、宙に浮いて、自分の死体を見て、「ああ、あいつ、泣いてくれてるわ。嬉しいな」とかそういうことも全く思えないんじゃないかなっていう考えを持っています。「死んだ後も虫眼鏡がカリスマ性を存分に発揮してくれたら嬉しいかどうか」っていったら別にどうでもいいなって思うんだけど、その時に僕の周りにいてくれた人は嬉しいって思うかもしれないね。

でも僕にはそのカリスマ性は多分ないだろうから、体に傷もなく健康な状態でフッと死んでしまった場合は、僕の使えそうな臓器を困ってる人に全部あげてほしいなとか思います。それだったら、僕が死ぬことによって少しでも人助けになるかもしれない。それを何かしらの方法で死んだ後に知れたらめっちゃ嬉しいかもしれないな。死んだ後に幽霊になりたいとは全く思わないけど、その場合だけはちょっとなりたいかもね。

でも僕の内臓はロクでもなさそうってのがネックですよね。「うわ！　サイズちっちゃ！　全然はまらんやんけ！　スカスカやんけ！」ってなっちゃいそう。

OTAYORI

32

ラジオネーム「ひょんひょん」さんからのお便り

こんにちは虫さん。

この間のはかばで、同担拒否の人の気持ちが知りたいとおっしゃっていたのでメールしました。


同担拒否に関する定義と私の解釈が合っているかわかりませんが、私は恐らく同担拒否の人です。

一言で言うと、「推しと私の世界には、他に誰もいらない」のです。

私はヤキモチ焼きです。独占欲が強いのです。同担は私からすればみな恋のライバルなのです。

現実の恋はライバルと争って奪い合ったりすることもあるでしょう。

でも、推しに関しては同担をミュートすることによって私だけの推しになるのです。

私は15年ほど推している大好きな歌手の方がいます。

推しが作詞した歌詞にでてくる「君」とは全て私のことだと思っていますし、ライブでも他のファンは目に入りません。そこは推しと私だけの世界。

同担をミュートするとこういう楽しみ方が出来るわけです。


でも、同担が嫌いというわけではありません。むしろ沢山いてくれるのは嬉しいで

放送回

ふつおたのはかば　#86

す。

そのほうが推しの活躍する場面が増え、私が彼を応援する場面が増えるからです。

存在はしていてほしいけど、推しと私の世界には入ってこなくていいかな。

同担拒否の人がみんなそうとは限らないかと思いますが、私はこのような理由で同担の人とはあえて絡みたくないなと思っています。

また、少し話は逸れますが、ここまで入れ込んでいる推しが結婚したときはとても悲しかったです。受け入れられず、10年くらい経ったいまでも受け入れていません。

でもこれだけ沢山のファンがいるんだから私一人くらい受け入れなくたっていいっか、別に私の存在なんて推しは知らないんだからと開き直っています。

私はかなり痛いファンではありますが、ちゃんと現実との線引きはできているのでそこだけはご安心を。

わかりにくい文章になってしまいましたがニュアンスだけでも伝わりますように。

すごいね！　結婚して10年ってことはまぁまぁな年齢だと思うけど、誰のことなんだろう？

ふ〜ん。なるほどね。気持ちは分かります。「推しを推す」行為、いわゆる「ヲタ活」って、中にはそういう人がいるのかもしれないけど、「推しとどうこうなりたい」って本気で思っているっていうよりは、「推しを推している時間が楽しい」「推している私が好き」というような理由が多いんじゃないかなって僕は思ってたので。

ひょんひょんさんの楽しみ方がそういう楽しみ方で、その楽しみ方には他の人は別にいらないよ、という理由なんですよね。そりゃあ人生において時間は限られていますから、なるべく楽しいことをしている時間を長くしたいじゃない？　そういう意味では、同担の人がいっぱいいることによって、「推しが人気者になる→人気者だからたくさんイベントができる→そのイベントにまた行くことによって自分の楽しい時間が増える」ってことで、同担というのは必要な存在ではあるんだけど、でも私の楽しみ方は違うから、っていうスタンスなんですね。非常に興味深い。

OTAYORI

33

ラジオネーム「あちき」さんからのお便り

虫眼鏡部長、おはこんばんにちは。

いつも楽しいラジオをありがとうございます。

私はよくお風呂に入ってるときに、仕事でやらかしてしまったミス（お客さんに迷惑かけた系が主）を思い出して嫌な気持ちになってうわあああとなります。

最近のものから数年前のものまで、思い出しては自分この仕事向いてないわ……とか、どうせ仕事できないやつって思われてるんだろうな……と自信喪失してしまいます。

今の彼氏と付き合いだしてからは、自己肯定感が高くなったのか回数は減りましたが、ヤツは油断したときにすかさずやってきます。

部長は仕事柄、やっちまった！　となったら動画で残ってしまうし、見られてる人の数も桁違いなので、私だったら毎日お風呂は反省タイムになってしまいそうです。

部長でも同じようにうわあああタイムがあるのでしょうか？

どうしたら無くなるか教えてください。

また、お風呂入ってるとき何考えてるのかも教えてください。

よろしくお願いします。

放送回

ふつおたのはかば　#24

僕はないです。というか、YouTuberはこれをやっちゃったらもうおしまい、というか、潰れちゃいますね。

僕は野球が好きなんですけど、野球って9回の表裏で試合が終わるんですが、最後の回に投げる「抑え」とか「クローザー」と呼ばれる、自分のチームが勝ってる時に登場して、絶対に勝ったまま試合を終わるっていう、本当に一番信頼のおけるピッチャーを最後に置くのがよくあるパターンなんですね。だからファンからすると抑えても「わー！　すごい！」ってならなくて、「まぁ当たり前でしょ」っていう感じなんですけど、彼らも人間ですから、ごくまれに失敗するんですよ。「え⁉　3点差もあったのに逆転されたの⁉　抑え替われよ！」ってなったりすることがたまにあるんですけど、それでも彼らはしれっとした顔でマウンドから降りて、次の試合ではまたしれっとした顔で上がるわけです。で、そういう選手のインタビューとかで、「失敗してしまった時って反省とかするんですか？」って聞かれたら、「いや、もうしないです。忘れますよ」ってみんな言うんですよ。

めちゃくちゃよくある言葉すぎて申し訳ないんですけど、「反省と後悔は違う」というか。反省からは学ぶものや成長があると思うんですけど、後悔は単純に過去の自分に罰を与えてるだけで、自分が傷ついちゃうだけなので……。後悔って、パッと見はすごい責任感強いやつっぽく見えるけど、実はそんなに意味がないことをしているのではないかな、と僕は特にこの仕事をやるようになって思いましたので、そこまで自分のやってしまったミスに対して延々と考え続けることはないですね。

「でも反省はしたほうが良くないですか?」っていうのには、「それはそうね」とは思うんだけど、反省って意外と自動的にされているというか、オートセーブみたいな感じで、「あーやっちゃった!」っていうその瞬間に多分もう反省してると思うんだよね。改めて自分のやっちゃったことを考えて、その時に気付きってある? やっちゃった瞬間に「うわー、これがよくなかったんだ」って勝手に体の中にインプットされてると思うから、僕はその瞬間に反省を終えているのかなとは思います。

なので、お風呂でまた改めてそのことについて思い返して、「うわあああ」となるのはすごくもったいないなと思います。どうしたら無くなるか教えてくださいってありますが、それはもうお風呂に入る時に「雀魂(じゃんたま)」をするんですよ。

OTAYORI

34

ラジオネーム「せこみ」さんからのお便り

初めまして。私は33歳2児の母です。

てつやさんの結婚を機に東海オンエアに興味を持ち、この1週間で虫眼鏡さんにドハマりしています。虫眼鏡さんの声と可愛さ、賢さ、口の悪さに中毒になっています。最新の虫コロラジオに辿り着くのはいつになるかわかりませんが、順に聴いていきたいと思います。

さて質問です。虫眼鏡さんはアンパンマンを通りましたか？　アンパンマンの中で好きなキャラクターを知りたいです。ちなみに私はばいきんまんとショウガナイさんが好きです。

放送回

ふつおたのはかば　#101

僕、アンパンマンを通らなかったんですよ。みんなアンパンマンって通ってるものなの？　おそらく僕が小さい頃からアンパンマンはあったと思うのだけど、「ほら、アンパンマン始まったから観な」みたいなエピソードはなかった気がする。もちろん覚えてないんだよ。覚えてないんだけど、曲がりなりにも見てたとしたら、1個ぐらいは印象に残ってることがあるはずなんだよ。でも僕本当にアンパンマンのことについて知らなくて。メロンパンナちゃんが敵なのか味方なのかすらわかんない。ドキンちゃんは敵なんでしょ？　でもどっかで保育士さんか若妻が言っていたんだけど、「アンパンマン、ガチで凄い！」って。本当に子供が夢中になってる、って。

なんかそれ不思議だと思わん？　今僕29歳、いや間違えた24歳なんですけど、24歳の男を集めてこれ見せたら全員夢中になる物って言ったら何がある？　おっぱいしかないよ。それくらい人間ってのは個性のある生き物で、「僕はこれが好き」、「私はこれが好き」っていうふうにいろんな趣味嗜好があって、みんなが別の生き物なわけだよ。

だけどアンパンマンは全赤ちゃんに愛されてるんですよ。だから、アンパンマンがYouTube始めたら0歳から6歳の層を全部取れるんですよ。これは本当に恐ろしいことだと思うし、どこにそんな魅力があるのだろうとなんか研究してみたくなるよね。

だって、やなせ先生に失礼ですけど、別にかっこいいフォルムをしているわけでもないし、取り立ててめちゃくちゃ感動的なことを言うわけでもないし、おもろい設定も、自分の顔をちぎって食わせるっていうサイコなところくらいだし。でもなんかあるんだろうね。

あと、男子限定だけど、小さい男の子ってみんな乗り物が好きじゃん。でも、今僕は別に乗り物好きじゃないんですよ。めっちゃ面白くない？　なんで男の子は乗り物を好きになるのか。乗り物だよ？　今見ても別に「ふーん。乗り物だな」としか思わないじゃん。その時になんでそんなに乗り物に魅力を感じていたのか。しかもなぜ男だけなのか。そしてなぜ僕たちはそんな乗り物をいつしか「ふーん。乗り物だな」としか思わなくなってしまったのか。

こういう生まれたばかりの子供の趣味嗜好って、あんまり環境に左右されてる感じがしないというか、予定調和っていうのかな？　なんか神が勝手に「最初は乗り物とかアンパンマンとか好きなところから始めりゃいいや」みたいな感じで設定してるんじゃないの？　くらいに思うよね。「20歳過ぎたらみんな東海オンエアが好きになる」みたいなそういうプログラミングもあったらいいんですけどね。

OTAYORI

35

ラジオネーム「ピカピカ」さんからのお便り

ラジオネーム・ピカピカ（大谷育江さんボイスで）。

虫さんこんにちは。

20代女です。

最近結婚し、割と珍しい名字から「高橋」になりました。

私は下の名前が割と没個性で、名字が珍しい方だったので親しい友人からもほぼ名字の呼び捨てで呼ばれていました。

夫婦別姓もできないことはないことも知っていますが、まだ浸透率としては低いと思いますし、私もそこまで頑なに名字を変えたくないわけではありません。

でも、東海オンエアの動画で同じ名字の人を探したりする企画があったと思いますが、やっぱ名字ってアイデンティティだし愛着ありませんか？

事情は違いますが、昔虫さんはお母様の離婚、結婚で名字が変わられたのではないかと思います。

そのときは、どのようにして金澤っていう名字に愛着が持てるようになりましたか？

いつも応援しています^_^

放送回

虫も殺さないラジオ　#122

ひとつ言っていい？　僕「金澤」って公表してないからね？　何で知ってるの？　みんな。僕の本名言っちゃダメなんだからね！

一応、僕は金澤太紀っていう名前なので、名字が「金澤」で間違いございません。漢字もバッチリ合っております。

で、僕も昔は「岡野」だったんですね。「岡野太紀」だったような気がします。ちょっと昔すぎて覚えてないですけど。で、お母さんが離婚して結婚したんで一瞬「藤原」になったんだよね。「岡野」から一瞬「藤原」になって、「金澤」になったんですけど、今はこの3つから選んでいいよって言われたら「藤原」がいいね、どう考えても。由緒正しそうだし。

「アイデンティティだし愛着ありませんか？」と言われると、めちゃくちゃ正直に言うと全然ないです、愛着。結婚相手の名字がちょっと珍しい名字だったらそっちの方がかっこいいからそっちにしたいなと思うし。それって「金澤」という名字が珍しくないからっていうのもあるかもね。

例えば東海オンエアだったら、名字が珍しい人いるじゃないですか。「鈴木」は論外ですし、「柴田」も論外ですけど、あと3人はどうやらまあまあ珍しいらしいですよ。「小柳津（おやいづ）」はその中では珍しくないかもしれないけど、でもなんかかっこいいよね。そういう人はアイデンティティあるのかもしれないね。ゆめまるみたいなのが一番最強なんだけどね。名字も下の名前も特徴的だから、あんなに名字が珍しいにもかかわらず「ゆめまる」って呼ばれるもんね。

でも、こうやって「作為的に珍しい名字を残そう」っていうような考えが浸透しすぎると、逆にその名字も珍しくなくなってきてしまうのかもしれないし、いいのかどうかはさておき、基本的には男性側の姓を取るっていう社会の流れみたいなのに身を任せるのが一番自然なのかもしれませんけどね。

確かに自分の呼称って、名前もそうだけど名字なんて特に選べないもんね。僕も「太紀」って全然呼ばれないけど、「太紀って呼ばれたいな」と思って自分の名前を「太紀」にしたわけじゃないし、名字の「金澤」って呼ばれることはあったと思うけどこれも自分で選べてない。しかも親ですら2択、みたいな。そもそもこんな不自由なものが自分のアイデンティティになるっていうのがすごい不思議ですよね、名前って。

ピカピカさんも最近結婚されたということで、わからないですけど子供ももしかしたら生まれるかもしれないじゃないですか。その時に子供の名前はちゃんと自分でつけられますから。その子供が強くアイデンティティを持てる名前にしてあげてほしいですね。逆にそういう意味では名字は没個性でもいいのかもしれないね。

ふっおたの
はかば

虫も殺さない
ラジオ

虫も殺さないラジオ
ふつおたの墓場

ふっおたのはかば

虫も殺さない
ラジオ

虫も殺さない
ラジオ

ふつおた
の
はかば

ON AIR
虫も殺さないラジオ

虫も殺さない
ラジオ

虫も殺さない
ラジオ

CHAPTER.3

放送部員の秘密の放課後

OTAYORI

36

ラジオネーム「20代後半OL（流血中）」さんからのお便り

部長！　聞いて！　ただ聞いて！

今日は有休で、昼から家で一人飲みしてたんだけど、まん毛が育ちすぎててイライラして、文房具のはさみを出してきて剪定を始めたの！

そしたらね！　手元が狂ってね！　数年ものの切れ味の悪いはさみの刃先がね!!

ジャキッ……というか、グニッ、とね!!

——滲む赤色、鋭い痛み。

今日の教訓。まん毛は酔って切らないほうがいい。

って、こんな赤裸々なメールを書いたら、部長に幻滅されて結婚してもらえなくなっちゃう！　赤裸々っつってね！　赤いのは血の色だけだってね！　わたしの顔も真っ赤だよ！　酔ってるからね！　部長！　わたしのことは嫌いになっても、まん毛のことは嫌いにならないでください!!


書いてたら急に職場から電話がかかってきて正気に戻された。休みの日にかけてくんな。これだから仕事はやってらんねーよな。

放送回

ふつおたのはかば　#90

虫さんの回答

わかんない。わかんないけど、痛そう。どこを切ったんだろうね。なんかまん毛より上半身側の方だったら、まあなんかちょっとはイメージできるんですけど、その、何て言うの？　女性の男性にはない部分って、ようわからんビラビラのものとかあると思うんですけど、それを切ってしまったんだったら、男性には想像しようがないんですけど、めっちゃ痛そうだなって思って、僕は今「うっ！！！」てなりました。

世の男は「パイパンはちょっと……。ボーボーはちょっと……。ほどよくお手入れされているのがいいんだ」みたいなこと言うと思いますけど、そういうことじゃない。ハサミでジャキジャキやって芝生みたいに長さをそろえればいいっていうものでもないですからね。もうちょっと何か良い方法を考えてください。

これもすごいゲスな話なんですが、女性って男性よりエッチした時に気持ちいいって感じる神経の数が多いみたいな話を聞いたことがあって。男の人は気持ちいいな、って感じる部位がチンポなわけじゃん。でも女の人はそうじゃなくってチンポよりもちょっと下の部分のしかも内側じゃん。しかもそこにこの気持ちよさよりも強い気持ちよさが来るんだっていうのが、なんか「不思議～」と思って。そこを突き詰めて「どんな感じなの？」って聞いてみたいんだけど、もちろんリアルで聞けるわけもないやん。友達とかに「ねぇねぇ。まんこが気持ちいいのってどういう感じなの？」って聞いたら、さすがに、友達いなくなっちゃうから、君たちに聞くしかないんだけど、別に20代後半OLさんはそういうつもりでこういうメールを送ってきたわけじゃないし、血が出てるから、もう今日はこのくらいで終わっておきます。おやすみ。

OTAYORI

37

ラジオネーム「タマゴはキミが好き」さんからのお便り

虫眼鏡部長、パッチョパッチョ！
今日の虫コロラジオで虫さんに『疲れてたらシコって寝てね！』と部費を投げて、ふと思ったのですが、女性の自慰行為を表す専用の呼称って無くないですか？
抜くとかシコるとかは「男性側の」ってわかりますが、女性側にだけ使う言葉がないような気がして……。
オナるだと男女兼用感あって女性だけって感じがしません。

部長、何かいい思い付きありませんか？

また、これ女性側だけのじゃない？　っていう言葉があったら不勉強なタマゴにご教授くださると嬉しいです。

放送回
ふつおたのはかば　#25

どうせ君たち使わないんだから、僕のこの頭脳をそんな変なことのために使わせないでくれ！

でもこの「シコる」という言葉は、多分シコシコという擬音から来ているような気がするんです。今日、ネタ会議でもちょっと話題になったんですけど、シコるって別にシコシコという音は出ていないんじゃないの？　と。よく考えてみたら、「シコシコシコシコ」なんて音はしないじゃん。リアルに「チャッ！　チャッ！　チャッ！　チャッ！」って音がするだけだからさ。実は全然擬音ですらないんだけど、もうかなり定着しちゃってますからね。あと他に、「抜く」っていう言葉もあったりするけど、「抜く」もやっぱり男性って何かこの中に液体が入ってて、それが体外に放出されるわけですから、液体を抜き出したかのような感じじゃないですか。だからこの「抜く」っていう言葉がしっくりくるんですけど、女性だとそうでもないですから、「ちょっと抜いてくるわ」と女の子が言っても意味はわかるけどなんか……「おおっ？」てなりますよね。

逆に女性だと「濡れる」って言葉を使ったりするじゃないですか。あれは男性が使ってたらちょっと気持ち悪いなと思うので、これは女性専用の言葉だと思うんですけど、確かに女性の自慰行為を表す動詞は今のところないのかもしれないですね。実際にやっている指の動きとかを活かすのであれば、「いじる」とかそういう動詞が一番近いのかなと思うんですが……。

というかそういう言葉が未だに生まれていないということは、多分必要に迫られてないんですよね。そういう言葉を使いたいと思っている女の子がいないので、いまだにこの日本にそういう言葉はないんだと思います。だから別になくても困らないと思います。普通に言えばいいんじゃない？　クリトリスをいじっててさ、って。

OTAYORI

38

ラジオネーム「とりとんとん」さんからのお便り

虫眼鏡部長、こんばんは。

とりとんとんと申します。

早速ですが、虫眼鏡部長に質問です。

私は社会人3年目で、4年ほど付き合っている彼氏がいます。

彼氏といるとき、とても居心地がよく、この先の結婚も考えています。

また、彼からも、そろそろ一緒に住みたいなどの話が出てくるようになりました。

ただ、ひとつ気になっていることがあります。

それは、夜の営みについてです。


前戯が雑ではないか……??!

始まるな……という雰囲気になってから、
キス(深い方)が10~20分(体感30分)、その間お互い着衣の上、背中や頭を撫でる。

こちらから服の中に手を入れても、進む気配がないことも。

服を脱いだら、下をさわさわっと触って、指1本いれて30秒くらいちょちょっと。

それでいざ本番。

特に気持ちよくもない……。

放送回
ふつおたのはかば　#112

というか、序盤は痛い！

この流れで4年ほどやっております。

私も彼も、夜の営みについてはお互いが初めてだったので、なんとなくの普通みたいなものがわかりません。

私は女なので、男性サイドの感覚もわかりません。

ですが、正直最近は久しぶりに会っても、

「やりたい！」より、「めんどくさい！」「寝たい！」が勝ってしまいます。

この先これが続くのはしんどいなーとも感じてしまいます。

長くなってしまい申し訳ないのですが、
虫眼鏡部長にお聞きしたいのは、
夜の営みについて不満がある相手と、結婚を前提に付き合っていくことをどう思いますかということです。

また、付き合っていくというご意見の場合は、この気持ちをどう持っていけばいいのでしょうか。

経験豊富な虫眼鏡部長のご意見をお聞かせいただきたいです。

よろしくお願いします。

これは考え方シンプルでいいんじゃないですか。お互いに高め合いましょう。上手になりましょうよ。で、めでたしめでたしじゃないですか??

4年付き合って、一緒にいて心地よくて、結婚もしたいなあと思ってる彼氏と、「いやでもあいつ前戯下手なんだよな」って言って別れますか？　僕が別れたほうがいいですよって言ったら別れますか？　別れたくないですよね？　だって、前戯さえ良くなればいいんだもんね。

カップル、夫婦、いろんな形がありますので、「絶対エッチしろよ」とは言いません。女性は我慢できるかもしれない。「雑なエッチだったらしないほうがマシ！」と思うのかもしれないですけど、男はそうはいかないですからね。彼女がエッチを嫌がってやらせてくれないとなってしまった場合は、その欲求が下手したら他の場所に行ってしまうかもしれない。他の場所に行ったらもう、それは浮気だ！　不倫だ！　なんてなって、とりとんとんさんが嫌な気持ちになるじゃないですか。とりとんとんさんが、「私はエッチ好きじゃないからよそで済ましてきてくれ！　性欲の解消のためだったらもう他で済ましてくれて構わん！」という人なのであればまたちょっと違うのかもしれないですけど、いやですよね。だったらお互い楽しめるようにお勉強しましょう、ということに尽きると思います。

それで、こういう時は女性から一声かけてあげてほしいです。たぶん彼氏さんもエッチな動画見てると思いますので、全く知らないことはないと思うんですよ。でも、こんな行為を自分の彼女に対してやるのはいかがなものかと思っているから、「今までの形でいいじゃないか、特に不満もないし」っていうストッパーをかけている可能性があります。

何なら20分間キスしてくれるって、僕はなげーなと言うか、すごい丁寧なやつだと思う。感覚的にはすごいとりとんとんさんのことを大切にしてるような感じがしますもん。

言い方は難しいのでとりとんとんさんの言葉でうまいこと言い換えて欲しいんですけど、まぁ遠回しにでもストレートでもいいんで「まだ濡れてないから、入れられると巻き込まれて痛いんだよね」みたいなことを伝えると、「あーなるほどごめんね！　じゃあ濡れるためにはどうしたらいいの？　ちょっとあれ試してみようか」みたいな感じで話が進むかもしれません。

それかもうとりとんとんさんが電マ買っちゃうかね。電マ買っちゃって「これ使いてーんだよね」って言って手にギュッと握らせるとかね。

OTAYORI

39

ラジオネーム「ちゅーそん」さんからのお便り

僕は18歳になったその瞬間からFANZAユーザーな20歳男なのですが、同世代の友人たちに「金を払ってAVを楽しむ」という概念が存在しないのです。

もちろん僕もあんなサイトやこんなサイトにお世話になることはありますし、その中には違法にアップロードされたものもあるかもしれません。男の性として、ある程度は仕方ないと思っています。

しかし、僕がFANZA会員で、定期的にAVを購入していることを友人たちに話すと、決まって「やばお前w」とか「変態やんw」みたいな反応をされます。彼らにとってそういった性的なコンテンツに金を使うことは、異常で面白い笑い話なのです。

これマジで由々(ゆゆ)しき事態じゃないですか？　あれだけ流行(はや)ったタピオカ屋さんがどんどん市場から消えていくのと同じように、誰もお金をおとさない業界は廃(すた)れ、いずれなくなってしまうのが世の常ですが、今の若い世代にはその意識が一切ないように感じます。

そこで、せめて良識ある虫コロリスナーの紳士諸君だけでも、意識改革を図りたいのです。そのために虫さん、スケベ界の重鎮として警鐘を鳴らしてやってください！　我々の未来がかかっているのです！　どうかよろしくお願いします。

放送回

ふつおたのはかば　#49

虫さんの回答

これはマジでそのとおりよ！

YouTuberが言うのも変だけど、好きなものには金を使おう！　みんな！

もちろんこれを聴いてる人の中には学生さんなども多くて、「いやそんな金ねーんだよ！」とお思いかもしれませんが、その中でも使える範囲で使おう！　無理して！　それが好きということだよ！　と思うよ、僕は。

世界が便利になりすぎて、無料で楽しめるものが増えてしまったことによる弊害だよね。エッチな動画とかも、「やばお前w」とか言ってるやつも見てるんだよ、検索して。無料サイトとか、違法にアップロードされてるやつとかで抜いてんだよ、結局。くっそダサいよね。僕だったら変態やんて言われたら、「でもお前犯罪者やん」って言うもんな。金払わず普通に見てるんだもんね。

まぁでもこのラジオを聴いてくださっている皆さんの一番好きなものって、もしかしたら虫眼鏡かもしれないしね。そしたら虫眼鏡にもうちょっとお金を使えるような何かを提供したいなと思いつつも、なかなかできないんですよね。僕自身が僕を価値化できないというか……。

皆さんが仮に僕にお金を使ってくれるにしても、そのお金に見合うだけの何かを返す自信がないというか……。虫眼鏡が一番好きなんですよっていう人は、２番目に好きなものにお金使ってください。

あと虫眼鏡は今めちゃくちゃお金持ってるんでもういいです。

OTAYORI

40

ラジオネーム「150センチのきりん」さんからのお便り

こんばんは。夜勤中暇なのでメールしました。

私は結婚したての女です。

交際当時から、彼には私がうんこをすることをバレたくないと思っており一緒にいるときは絶対うんこをしないようにしていました。出先でするときは最大限に腹圧をかけることで勢いよくうんこを出し、絶対にトイレに時間をかけないようにしました。

結婚し一緒に暮らし始めてからは、便意を催したら旦那に「先風呂入ったら」といって風呂に誘導してからうんこするなど、いろいろ努力をしてバレないように暮らしていました。

しかしながら半年も経つとそうも行かなくなってきました。旦那が上手いこと風呂に行ってくれなくなりました。

仕方なく私は、トイレットペーパーを手の上に重ねて出し、その手をケツの下に設置してうんこをキャッチすることで、うんこが便器に落ちたときのポチャン音を極力なくすように心がけています。ほぼ素手で自分のうんこをキャッチするなんて、何してるんだろうと、悲しくなります。

バレずにうんこする方法でいい案がありますか？　教えてください。

放送回

虫も殺さないラジオ　#154

近くのコンビニに買い出しに行くふりをしてうんこをしてくるとか、APEXみたいにヘッドホンつける系のゲームにはまらせるとか、色々方法はあるだろうけど、そこ？　それでいいの？

今はまだ結婚したてということで、愛する旦那さんに自分がまさかうんこをしているなんてバレたくないっていう気持ちがあるのかもしれないですけど、今後60年ずっと一緒にいるわけですからね。今後どこかで「もういいや」っていう瞬間がくるわけですよ。

旦那さんがどういう方かわからないですけど、おそらく女の子もうんこをするんだってことは知ってると思います。150センチのきりんさんの努力もむなしく、「見たことないけど多分うんこしてるんだろうな」って思っていますよ。というか興味ないと思います、あんまり。

150センチのきりんさんがうんこを空中でキャッチするというメイド・イン・ワリオみたいな涙ぐましい努力をしているわけでございますけれども、絶対に気付いてないですので、その努力。

やめりん。早く。うんこしな。

もちろん一緒に住むようになって、だんだんいろんなところがだらしなくなって、恥じらいもなくなっちゃって、というのがいいとは僕は思いませんが、うんこするって恥じらいとかじゃないから。もうとっとと「ブリュブリュブリュ～！　ブヒィ!!」っていううんこをしちゃってください。そうすると多分気が楽になると思いますよ。

それか、うんち漏らしちゃうとかね。

OTAYORI

41

ラジオネーム「七宝」さんからのお便り

虫さん聞いて聞いて！
私ね、コールセンターのバイトをしてるんだけど、
今日、

「おちんちん舐めたい」

って一言言って切ったお客様（おじさん）がいたの！
ちょっとびっくりしたんだけど、
「そういえば、しばゆーが『おまんこ舐めさせろ』って言うサイテーな動画あったなぁ」
なんて思い出して笑い堪えてたら、虫さん！　私気づいちゃった！

わたし、おちんちん、もってない！

女性を狙っての電話だったのか、
はたまたたまたまを狙ってだったのに、
たまたま女の私がでちゃったのか、
お客様（おじさん）のみぞ知る。だけど、

放送回
ふつおたのはかば　#69

おじさんの願いは叶ったのかなぁ？
たまたま今日は、流星群が見られる日。
生憎の曇り空だけど叶うといいね～と思いました。

というか、ちんちん舐めたいなら、自分のちんちん舐めたら良くない？
自分のちんちんって頑張っても届かないの？
届いたらおじさんの願い事叶っちゃうじゃん！

虫さんへ
ちんちん届くなら、届きますよってこのラジオを通してお客様に伝えて欲しいです。
そして、悪戯電話は駄目だよと伝えて欲しいです。
どうか、私の願い事を叶えてはくれないでしょうか……。

七宝さんもコールセンターで一生懸命お仕事を頑張っているということで、今日は僕が願い事を叶えてあげることにします。

ちなみに、ちんちんは届きません。男性の皆さんだったら首がもげるほどうなずいていると思うんですけど、みんな中学校1年生とか2年生の時には、壁とかを使ってなんとか自分のちんちんを自分で舐められないものかと色々アクロバティックなポーズをしてみたりするんですけど、どうにもこうにも届かないわけですね。いやよく出来てると思うよ。

ちんぽが肘の内側とかについてたら、多分自分でくわえて処理できちゃったりするじゃない？そうしたらエッチしようって思いにくくなって、人間の生殖とか繁栄とかそういうのに何かしらの影響を及ぼしてた気がするもん。ちゃんと自分では絶対に届かない場所。足の先とかまでいっちゃったら逆に届くんだよ、だって。本当に今の位置についてる時だけ舐められないんですよ。なるほど神もよく考えたもんだと思いますよね。

まあでも七宝さんもすごくメンタルの強い方ですね。普通に気持ち悪いから、「キモいよ」って言っていいんですよ。

部員から寄せられたサムネイル紹介 ❹

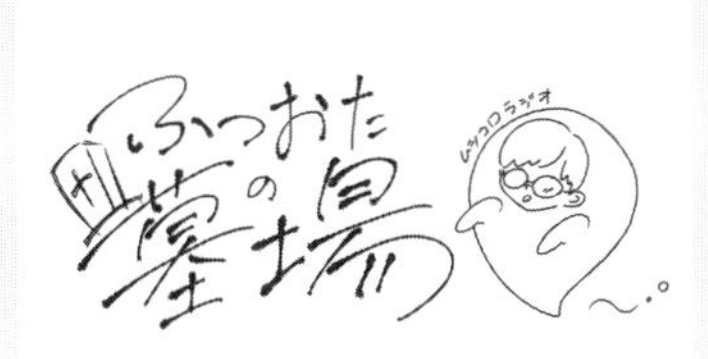

OTAYORI

42

ラジオネーム「そえじま」さんからのお便り

彼氏のおちんぽと戯れる際に、顔を描いたりお口をぱくぱくさせたり名前を付けちゃう虫コロリスナーの皆さまに新しい戯れ方のご提案です。

完全にはかば狙いです。

彼氏のおちんぽが恥ずかしがり屋さんで隠れんぼしちゃう仮性包茎くんの場合、皮を被せて風船の要領でぷーと吹いてやると面白いです（私の彼氏で実証済みです）。

おちんぽをお口に含んで戯れる機会のある方は是非やってみてください！

放送回

ふつおたのはかば　#15

変なこと言うな！

これ男からしたらすごい楽しくなさそうなんだけど。大丈夫？　なんか尿道の方に空気入ってきてそれが体に回って死ぬとかない？　全然気持ち良くなさそうだし。

しかも咥えられているにもかかわらずへにゃへにゃだよね？　そえじま大丈夫？　むしろ、あなたの彼氏、そえじまで興奮しなくなってない？　なんか悩みあるなら聞くからまたお便り送ってね。

これは遊ぶ側の意見よりも遊ばれた側の意見を聞きたいので、もしもこのラジオ聴いている男性リスナーの皆さんで、仮性包茎で、しかもおちんぽを口に含んで「ぷ～」と風船みたいに膨らませられた経験がある方は是非どんな感じだったのか教えてください。すごい良かったら僕も試してみたいと思います。

試してみるってどうすんねん。自分でやるのかい？

OTAYORI

43

ラジオネーム「モヒート」さんからのお便り

虫さん、ボスニアヘルツェゴビナ！

田舎のJD、モヒートです。突然ですが、日頃から疑問に思っていることがあります。

それは、背中とか腕におっぱいが当たる感触ってわかるの？　ということです。よくエッチな漫画とかで、女の子が男の子に背中から抱きついて、うわ～！　僕の背中におっぱいが当たってる～！　みたいな描写あるじゃないですか。あれって、本当に背中にある感触のうちこれがおっぱいだってわかるもんなんですか？普通、背中から抱きついたりしたらおっぱいだけじゃなく、お腹や鎖骨など、女の子の色々な部位が当たるはずですよね。その中で、あぁ！　ここに当たってるのがおっぱい！　ってわかるんですか？？？　手で触ったら、あぁおっぱいだ。ってわかるとは思うのですが、背中とかだと分かんないんじゃないかなと思うのです。背中だけでなく腕とかもそうですけど、それが本当におっぱいが当たった感触だと、わかるんですか？？？？？

ドスケベ大使虫さん、ご回答をよろしくお願いします。

放送回

ふつおたのはかば　#55

これ、めっちゃネタになりそうじゃない？　まぁおっぱいを当ててくれる女性がいなさそうなので、ダメ元の提案になるかもだけど、提案してみるわ。

真面目に答えるとわかんなくない？　もし当たるとしてもそういうのって服越しじゃないですか。そういう人間の温もりみたいなものは感じないわけですから、「あーなんか柔らかいものが当たってる」ぐらいにしか感じないんですけど、でもそんな日常的に自分にぶつかるかもしれない柔らかいものってないやん。例えば水風船とか、すごいおっぱいに例えられたりするけど、「水風船が当たってるかもなー」って、あまりにもシチュエーションが限定されすぎてて、「かもしれんな」とは思わんやん。なんやかんや一番当たりやすい柔らかいものがおっぱいじゃないですか？　だから、確率的に「これ、おっぱいだろうなー」って思って、「おっぱいなんだろう」って判断してる気がするな。

たまにありますよね。僕も何かの撮影でメイクさんが入った時に、顔のマッサージしてくれるんですけど、それで「あ、待って。ちょっと今なんか首に当たっちゃった気がする」と思って避けたような記憶があるんですけど……。

以前歯科衛生士さんからのお便りで、「おっぱいだと思ってるようなんですけど、あれお腹ですからね。あんな高さにおっぱいありませんから」みたいなメールがあって、「へぇ。聞かなきゃよかった」と思ったんですけど、特に頭とか分からなそうだね。

でもこれは面白そうなネタが生まれたということで提案してみます。

うわー、でもおっぱい当ててくれる人いないかな。

OTAYORI

44

ラジオネーム「酢もつ美味しい」さんからのお便り

虫眼鏡部長、こんばんは。
おせっせについての質問です。
先日彼と致しているとき、
入れて割とすぐの段階で、
「やば、いきそうで動けない」と言われました。
私のナカの何かが当たってだめらしいのですが、
何が当たるんですかね？
その時は一度体位を変えた後すぐにいってしまいました。
前の彼がかなりの遅漏だったせいで、
今の彼氏がめちゃくちゃ早く感じます。
入れてすぐいってしまう日もあるくらいです。
男性のいくまでの時間の「普通」ってどれくらいなんですかね？
長すぎても困りますが早すぎても困りますね。

放送回
虫も殺さないラジオ　#143

この「おせっせ」をしている時の早い遅い論争ってよく話題になりますけど、結局最後の一文に尽きますよね。「長すぎても困りますが早すぎても困りますね」って。

じゃあこの長すぎと早すぎのちょうど中間くらいの基準は何分くらいなんですか？　という話なんですが、それは女の子によるわけです。だいたい男のせいなんです。だって打ち終わっちゃったら球ないし、「一発しかない！」と思ってるからこそすごい大事にしちゃってる部分もあるかもしれないし。だから、女の子が「今だ！」って思った瞬間が今なんですよ。人によって違う。じゃあわからないじゃないですか、どうすればいいんですか、って話なんですけど、これは女の子に協力してもらわないといかんだろうなと思っています。

女の子にこんなことを言え、っていうのもちょっとゲスなのかもしれませんけど、やっぱり今が一番いいなっていう瞬間を教えてほしいですね。直接的すぎる表現は僕が言うに堪えないので淡々と言いますけど、「まだ駄目ですよ」っていう発言であったり、「もうそろそろいいですよ。一緒にいっちゃいましょう！　天国へ！」っていう、合図みたいなのがあると助かりますね。

病的なめちゃくちゃ遅いに関してはどうしたらいいかわからないんですけど、早いに関しては、男の人も色々と修行したりとか、工夫したりとかやりようはあると思いますので、何も言わずに「はいどうぞ～ご自由に～」って言っておいて、後から「うわっ！　早え(はえ)わ……」ていうのは、「そんな！ヒントなきゃ解けませんよこっちだって！」っていう気持ちになりますので、なるべくヒントを小出しにしてくれると助かります。

いいですね。いい感じに偏差値が下がってきましたね。

OTAYORI

45

ラジオネーム「ぱんつぱんくろう」さんからのお便り

むっしーーーーー！　こぉんばんはぁぁぁぁあ！！！（クソデカボイス）

いつもメイクの時間や部屋のお片付けの時間に書かせてもらってます。ぱんつぱんくろう22歳処女です。

突然ですが処女で経験の少ない私の悩みを聞いてください。

私は昨日バイト先のふたつ下の後輩と、家で映画を見ようという話になり、2人で、スマホでアマプラを開き、肩を並べて映画を見たのですが、2人とも途中で飽きてしまい、ベッドの上でゴロゴロする展開になりました。はじめは2人ともスマホをいじっていたのですが、だんだんお互いの手や足を触るようになり、しまいには腕枕をするような激近展開になりました。

もともと私は彼のことが気になっており、ちょっとだけ、いや盛りました、かなりドキドキしたのですが、腕枕されながら「俺今度他の女と遊ぶんだよね」「今彼女いらないからなあ」と彼に言われました。また、「俺別に誰にこんなことされても気にならんからさあ」と余裕な顔で言われたり、「こんな体勢、彼女にもしたことない（彼は彼女いない歴5年、童貞だとバイト仲間に聞きました）」

なんでこの体勢でこんな話して来たんでしょうか。私のドキドキを返して欲しいです。童貞のくせにドキドキしてなかったとか本当お前賢者だよ！！！　魔法使いにでもなれ！！！！

放送回
ふつおたのはかば　#104

てかよくあの体勢から手出されなかったなと思うのですが、私に魅力がなかったからなのでしょうか。そう考えたらめちゃ悲しいし女として見られてなさすぎて萎えます。女友達でも接近したらちょっとだけドキドキするもんじゃないんですか……???(私ならドキドキします)
今後どうやって彼と話せばいいかわかりません。また私と彼は脈なしなのでしょうか。
恋愛マスターむっしーパイセン!!! ご回答よろしくお願いします。
答えられなければ好きなサラダチキンの味を教えてください。私はファミマのブラックペッパー味が好きです。

相手の童貞の方も、あんまり経験がないから緊張して、でもその緊張を悟られたくないから、「何もしないのが余裕のある男」みたいなムーブをしちゃったんでしょうね。そしてそれにまんまと騙されたぱんつぱんくろうが「私に魅力がないんですかね」って言っててね……。もうやかましい！

でもまあ、相手の男のすかし方的には、ちょっと牽制してるというか、「ちょっとエッチなことをしたからといって、その気になるんじゃねえぞお前」っていうメッセージは透けてきてるような気がするので、なし寄りじゃない？　とは思うけど……。そんなことに悩むんだったらもういきなり「ガボッ！」ってちんぽ咥えてみたら？　急に。それでも「ドキドキしねえからさ」とか言ってたらそれは本当にドキドキしないやつかもしれないけど、99.995%くらいの確率であのちゃんとエロいことが始まりますので……。結局、童貞と処女が「お前からやれよ！」「いや、お前からやれよ！」「私は興味ないし」「いや、俺も興味ないから興味があるならお前からやれよ」というのをやっているだけなんですよ。まったくもう。

部員から寄せられたサムネイル紹介 5

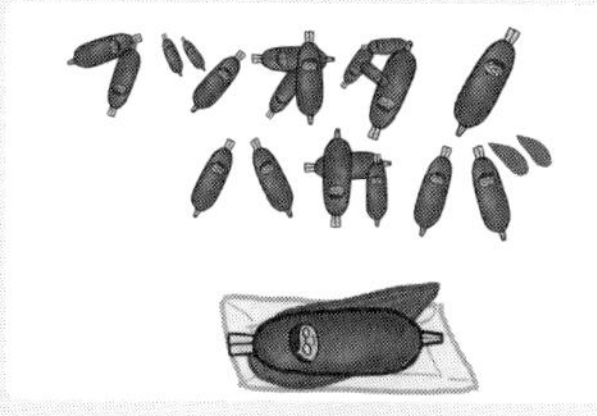

OTAYORI

46

ラジオネーム「おきんた万次郎」さんからのお便り

虫さん、こんにちは。

私は愛知県に住んでいる25歳女、おきんた万次郎と申します。いつも東海オンエアの動画を楽しく拝見しております。

突然ですが、私は男性についているきんたまが大好きです。

彼氏の体の部分で、どこが一番好きかと聞かれれば、真っ先にきんたまと答えます。きんたまは、縫い目がぬいぐるみのようで可愛らしく、触ればぷにぷに、もにゅもにゅ、枕にすればふかふか、かと思えばペタペタしており暇なときは太ももに叩き付ければスライムのように遊べます。ひんやりしていますので夏は涼める、まさに最高な逸品です。

中略（きんたま愛を語る）

そこで疑問なのですが、よく東海オンエアの動画では、しばゆーのきんたまは皮が結べるほど長いとお聞きします。

個体差はあると思いますが、彼氏のきんたまは皆様がおっしゃるほど皮が伸びず、

放送回
ふつおたのはかば　#114

結べるほどという表現がいまいち想像できません。

そこで、ぜひ東海オンエアのメンバーにやっていただきたい企画があります。

題して、《みんなでしばゆーのきんたまを再現しよう!》です。

メンバーが1人または2人のチームになって、あの手この手でしばゆーのきんたまを表現します(野菜や果物、粘土などなんでもよし)。審査はしばゆーとぷんさんなど2人で行ってほしいです。

私を始めとしたきんたま愛好家達の知的興味を埋めるために、ぜひやっていただきたいです。

無理でしたら、皮が伸びた状態のしばゆーのきんたまの画像をつけてご返信ください。

寒さも厳しくなり、きんたまも縮こまりますが、お身体ときんたまに気をつけてお過ごしください。

なんか最後って言ったけど、読むお便りを間違えてしまったかもしれない。このまま終わると僕が最後に下ネタを読んでオチがついたから終わるとするかって考えてると思われそうで恥ずかしいわ。

おきんた万次郎さんの彼氏さんが本当に気の毒でございます。

無理なのでしばゆーの画像を返信してあげたいところでありますが、これはどうやら犯罪になってしまうと思いますので、今日はこのくらいで「ふつおたのはかばネタ会議編」を終わらせていただきたいと思います。

皆さん、もし本当に気になるのであれば、しばゆーに直接会った時に「きんたまの皮を触らしてくれ！」というふうに頼んでみてはいかがでしょうか？　なんちゃって冗談冗談。

おやすみなさい。

CHAPTER.4

虫眼鏡部長からのお便り

今まで僕は「虫眼鏡の放送部」の中でどれくらいのお便りを読んできたんでしょうね。
1回の収録でだいたい5～7通くらいは読んでいますので、少なくとも1000通はやっちゃってるような気がします（この文章を書いている時点で虫も殺さないラジオは204回やっちゃってる）。だいたいは「虫眼鏡部長にお悩み相談！」という体裁をとったお便りなんですが、1000通もやっちゃってると「ちょっと前にも似たようなお悩みを送ってきてくれた人がいたなぁ」と感じることも少なくありません。

でもそんなもんですよね。人間が人間に相談したいことなんて。この本の中でもそこそこの数のお便りが紹介されていますが、どれもこれも突き詰めてみると「人間関係って難しいです」というシンプルな問題に行き着くように感じます。
だってホラ、「気になっている人がこんなことしてたんですけど……」という青臭いお悩みも、「会社の上司がこんな奴なんですけど！」というお怒りも、「旦那が全然エッチしてくれないんですが！私はその気なのに！　AVばっかり観て！　コスプレとかすればいいんですか！　どうにかしてくださいよ！」という無理難題も、死ぬほど簡易化すると全部「自分じゃない誰かが思い通りに動かないのが気に食わない」というお話じゃないですか……？

ということはですよ？

どんなお悩みでも「しっかり相手と腹を割って話してみようぜ」という万能の一言で終いじゃないですか？　もちろんケースバイケースではありますが。

僕自身、「放送部部長で〜す」とかイキって偉そうにアドバイスっぽい言葉を吐いてはいますが、実のところ別に何者でもありません。普通のチビの30歳です。「皆さんよりめちゃくちゃ経験豊富な人生を送っています！　人間関係の改善に自信アリ！」なんてこたぁないんですよ。僕の言葉からなにか新しい情報を得て、劇的に人生が変わるなんて全くもってあり得ません。もし「変わった」と感じてくれているとするならば、それはあなたが自分で変えただけなんですよという話だよね。実はみんな自分でもどうすればいいのかもう気づいちゃってるんだよね！

それなのになぜ虫眼鏡の放送部は続いているのでしょう。なぜ毎週毎週とんでもない数のメールが送られてくるのでしょう。

おそらく皆さん「他の人に自分の考えを聴いてもらいたい」のだと思います。

自分の考えていることを他の人に「おっしゃる通りだね」と肯定してもらえれば自信になりますし、自分とは違った考えを投げ返されても「いやそういうことじゃなくてですね！　虫眼鏡わかってない！」という気持ちになり、自分が譲れないものが何なのか明確になります。

なんなら僕はラジオの中で「お悩みメールを送ろうとして文章を考え始めた時点で7割くらい解

決するよね」とよく言います。自分が今何に悩んでいて何にムカついているのか、赤の他人である虫眼鏡になるべく純度が高く伝わるように説明しようと文章をシコシコしているうちに、自分の考えが綺麗にまとまってくると思うんですね。そうしたらあとはもう簡単ですよ。

僕はこれからも皆さんの渾身のメールを読んで「そりゃそうじゃ」レベルのなんでもない言葉を返すことにしますので、皆さんは僕のことを硬え壁か何かだと思って思いっきりボールを投げてきてください。

さて、「東海オンエアが10周年を迎えて」というテーマで書き始めたつもりの文章でしたが、もう1000文字くらい関係のなさそうな話をしてしまいました。

たぶん僕は「僕も東海オンエアの将来についてみんなに聴いてほしい！　別になにかご意見とかしなくていいよ！　僕がここで文章にするだけでスッキリするから！」ということが言いたかったのだと思います。なので聴いてもらってもいいですか。

まずはこれまでの10年を振り返ってみますね。

東海オンエアのことを昔から応援してくれている皆さんにとっては全部どこかで聴いたことがあるような話かもしれませんが、しばしお付き合いください。

僕が「東海オンエア」を知ったのは21歳（くらい）のアルバイト中のことでした。同じバイト先の喋ると残念なイケメン・てつやが妙にウキウキとしながら「ちょっと今新しいこと始めてまして！　まだ言えないですけど！　でも何かおもしろいこと思いついたら教えてください！」と、生意気にもネタをせびってきたんですね。

当時の僕は別にめちゃめちゃてつやと仲良しだったというわけでもなく、あくまでもバイト先でたまにシフトがカブると楽しいから好きってだけの奴だったので、何を企んでいるのか教えてもらえませんでしたが、別に「偏差値低い大学生は暇そうでいいなぁ」としか思っていませんでした。

そこでバイト中の暇な時間に、伝票がピーッて出てくるところから白い紙を失敬して2人でネタを出し合いました。今考えてみればこれが僕にとってはじめての「東海オンエア」としての活動だったのかもしれません。ちなみに初採用は「お風呂のお湯を全部味噌汁にしちゃう」というネタでした。もう今は観られないけどね。

もちろん当時の僕はまさか自分が将来この生意気なヒョロガリと一緒にお仕事をすることになるとは露ほども思っていませんでした。バイト中暇だったからおもしろいことを妄想して楽しんでいただけで、てつやから「実はこんなことやってまして……」と高いところから傘を持って飛び降りるだけの動画を観せてもらうまで、一般人がＹｏｕＴｕｂｅに動画をアップロードできるなんて知りませんでしたし、おもしろ軍団を作って定期的に動画を更新し続ける営みなんて半年も続かないだろうと思っていました。簡単に言うとナメてたってことです。

だからこそ、この瞬間に「東海オンエアに入ってくれ！」と言われても多分大学が忙しいから〜とか適当に理由をつけて断っていたでしょうし、てつや以外の他のメンバー（てつやの高校の同級生、虫眼鏡とは基本なんの関わりもない）だって「なぜそんな奴を巻き込む必要がある？」と反発していたことでしょう。あくまでもたまにネタを出したり、たまに2人で動画を撮るだけならそこそこ楽しいから協力してもいいかなと思っていた虫眼鏡くんでしたが、とある日てつやから全員集合令がかかりました。そして「君たち6人が東海オンエアです」と告げられます。そしてTwitterアカウントとサインを作りなさいと指示されます。

このあたりで「あれ、なんだか僕もてつや一味のおもしろ軍団に加えられてるやん」と違和感を覚えた記憶がありますが、その頃には少し新しいことにチャレンジしているワクワク感みたいなのも芽生えていたので、ヌルッと「あぁ〜僕東海オンエアか〜」と受け入れるようになりました。

ここまでで一旦おさらいです。

そうなんです、僕は別に「YouTubeで成功してやろう」なんて全く考えていませんでした。というかYouTubeでお金を稼げるなんて知りませんでした。

僕は大学で学校の先生になるためのお勉強をしていたのですが、そのまま先生になってそのままエロいことをせずに定年まで働くんだろうなと思っていましたし、その人生プランに何の不満も持っていませんでした。てつやや他の東海オンエアメンバーとはこれからも仲良くしていきたいし、たまには動画作りのお手伝いもさせてもらえたらいいな、それくらいのモチベーションで僕は大学を卒業しました。

そして僕は教員として働き始めました。僕は他の東海オンエアメンバーよりも1学年上なので、他のメンバーが最後（結果最後ではなかったのだが）のモラトリアム期間を謳歌している中、真面目に小学2年生の担任の先生として教鞭を振るいかけていました。

その頃、何を思ったのかてつやが一人暮らしを始め（岡崎市内から岡崎市内へと引っ越して一人暮らしを始めるのは今考えても意味がわからない）、なんの偶然か僕の勤務している小学校のすぐそばのアパートを借りました。

今思えばこの偶然が僕の人生を決定づけたのかもしれません。仕事が終わって家に帰って寝て仕事に行くだけの繰り返しの生活の中に、「友だちの家で遊ぶ」という予定を無理なく組み込むことができるのであれば誰でもそうしますよね。僕は自分の家ではなくてつやのアパートに帰るようになり、曲がりなりにも順調に続いていた東海オンエアの活動をちょっと真面目にサポートするようになりました。

ちょうどその頃（もしくはもう少し前、あんまり覚えてない）、東海オンエアは運にも恵まれYouTubeから収益を得られるようになっていました。先述しましたが、当時はまだ「YouTubeからお金をもらえる」なんてことはほとんど誰も知らなかったんですよ。僕はもちろん教員＝公務員として働いていたのでその収益を受け取ることはできませんでしたが、あんなにフワッと思いつきで始めたようなYouTube活動がいまだに続いていて、しかもギリギリ生活ができるくらいにお金も稼ぐことができているてつやや東海オンエアのことをリスペクトするようになっていました。活動も少しずつ大きくなり、雑誌に載せていただけたり、自分たちのオリジナルグッズを作るようになったり、「事務所」というものに活動をサポートしてもらえるようになったりしていました。

正直に言います。「なんだかすごくラッキーなことが起きているな」と思いました。

何度も言いますが、僕は別に「有名になっていい女を抱きたいな」とか大それた野望は持っていませんでしたし、自分の人生にそこそこ満足もしていました。でも目の前にすごいチャンスが転がっているんです。

今振り返ってみてもズルかったよなぁとは思いますが、「なんだかうまくいきそうだし、だったらちょっと本気でやってみようかな」って思いません？　誰でもそう思うよね？

この頃から僕の中で少しずつ「YouTube活動」の比重が大きくなりました。そして自分のことを「YouTuber」だと名乗るのに恥ずかしさがなくなってきました。

しばらくして僕は授業中に校長室に呼ばれ、「金澤先生、YouTubeに出てるらしいですね！困りますね！　教員を続けるのかYouTubeを続けるのか！　どちらかにしていただきたい！（意訳）」と詰問を受けるのですが、もう迷いはありませんでした。その場で校長先生に「辞めま～す」と告げ、帰っててつやに「辞めました～」と告げ、近所の牛角で「虫眼鏡教員退職記念パーティ」

を開いてもらったときの乾杯の音頭を一生忘れることはないでしょう。

さて、ここまでつらつらと自分語りをさせていただきましたが、皆さん「いや聴いたけどね。別に悩みとかなさそうじゃん。すげえうまくいってんじゃん。よかったね」としか思いませんでしたよね。

チッチッチ。

僕が皆さんに聴いてほしいのはここからですよ。

退職後の僕は、「東海オンエアの虫眼鏡」としてそこそこがんばります。今もそこそこがんばってます。クソ眠いのに原稿書いてます。明日も撮影なのに。

東海オンエアは向かうところ敵なし、飛ぶ鳥落としまくりの竹破壊しまくりの勢いで成長を続け、いつしか「トップYouTuber」と呼ばれるまでになります（恥）。

しかしですね。「トップYouTuber・東海オンエア」についてここに書くことって特にないんですよね。

ここ（牛角で乾杯している瞬間）までは、僕の中でいろいろな気持ちの移り変わりがありました。たくさん決断し、そこそこYouTuberとしては成長してきたつもりです。

こうやってたくさんの文字を使って皆さんにお伝えしたくなってしまうくらい、僕は僕の人生の主人公として八面六臂（はちめんろっぴ）の大活躍をしてき（たように自分では感じ）ました。RPGだったらけっこうレベルも上がったんじゃないかと思います。MPを気にせずイオナズンも撃てるようになってると思います。

でもここ（牛角で乾杯している瞬間）から先、僕はなんだか惰性でがんばってきたような感覚があるんですよね。例えが適切なのかはわかりませんが、「トップYouTuber」と呼ばれるようになってからの東海オンエアの活躍を、「RPGを全クリした後のラスボス直前まで時空が巻き戻った状態（おまけ要素をたくさん楽しんでね）」のように感じてしまうというか。

誤解されたくないのでフォローだけ入れますが、もちろんすごく楽しかったですよ！　応援してくださる方の数がどんどん増えて、活動を始めた頃には想像もできなかったような素敵な経験をたくさんさせていただきました。満員のバンテリンドームでプロ野球の始球式をさせてもらったり、こうやって講談社さんから何冊も本を出させてもらったり。テレビで見ていたような芸能人の方と一緒にお仕事をさせてもらったり、なによりも東海オンエアのチャンネルに上げる動画のクオリティがどんどん上がっていったり。そんじょそこらの同い年の人間の3倍は緊張して6倍は爆笑している自信があります。
東海オンエアがうまくいってからヌルリと鞍替えしただけのズルい眼鏡にはもったいないくらいの経験です。本当に幸せ者ですね。

それでも最近、「このまま東海オンエアとしてズルズル今のような活動を続けていっていいのだろうか」と思うようになりました。贅沢な悩みなのかもしれませんが、活動を始めた当初のように「自分たちがどんどんレベルアップしていく感覚」がなくなりかけてきてしまったからだろうと自分では考えています。もちろん今だってなにかしらレベルアップはしていると思いますよ？　ただ「61が62になる成長」と「1が2になる成長」、どちらがわかりやすいですかという話だと思います。

僕は東海オンエアに出会えて本当に幸運でしたし、幸せです。
何度人生をやり直したとしても、あの校長室で「教員を続けさせてください」と言うことはないでしょう。
そしてこれから先も東海オンエアでいたいです。

ただ、60歳になっても今のように「やぁどうも東海オンエアの虫眼鏡だ！」と週に6日YouTubeに動画をアップし続けることが「一生東海オンエア」の姿なのでしょうか？

東海オンエアが10周年を迎え、一度立ち止まって過去を振り返ることができる絶好のタイミングだからこそ、改めて東海オンエアの将来について無限大のスケールで考えてみてもいいのかもしれないなと僕は思いました。

こんなことを書いてしまうと「東海オンエアはもう動画を上げなくなってしまうのでは？」と邪推されてしまいそうですね！

リアルな話をすると、そんな辣腕（らつわん）を振るえるような人間は東海オンエアの6人の中にはおりゃあせんです。大鉈（おおなた）は危ないのでケースをつけて納戸にしまっておきたい人間たちです。

そして我々が今「トップYouTuber」としてイキっていられるのも、信じられないほどの豪運による部分が大きいです。だからこそ我々はこの運に縋（すが）れるだけ縋るべきだと自覚しています。

「それを捨てるなんてとんでもない！」という話です。

（あとみんなでっかい家を建てたいのでもうちょい稼ぎたいです）

そういえばこの文章は「僕も東海オンエアの将来についてみんなに聴いてほしい！　文章にするだけでスッキリするから！」という目的のもと書かれたものでしたね。ということはもうこの文章はここでおしまいにしてもいいのかもしれません。実は虫眼鏡、最近こんなことを考えてました～。

まぁ僕はあくまでも東海オンエアの6分の1に過ぎませんし、僕が感じているこのちょっとした閉塞感みたいなものを100%の純度で他のメンバーに伝えるのも難しいことだと思います。

でもおそらく他の5人も東海オンエアの将来についてはバカなりに何かしら考えているはずです。「これからの東海オンエアは釣りやキャンプに力を入れていこう」と考えているメンバーがいるかもしれませんし、「一旦2年休んでまたシャボンディ諸島で」と考えているかもしれません。「いや100歳まで毎日投稿しようぜ」ときたらもういっそ清々しいですね！

だから結局どうなるかはわかんないんですよね！　悩みっぽい！


でも文章にしてみて考えまとまりましたよ！

僕が何を最優先にしたいのかわかった気がする！


たぶん「なんでもいいから6人で東海オンエアでいたいな」だと思います！

正直、活動の内容はなんでもいいのかもしれない！

現実的に考えて、この先すぐ東海オンエアが大きく変わることはないです（たぶん）。

でもすぐではなくなった未来、新形態に変身する可能性もなくはないです。

そしてその変身をあと2回とか3回とか残している可能性もあります……。

その意味がわかるな?


今この本を手に取ってくれているそこのおバカさんたち。

「頼むからついてきてくれ……!」ということだよ!!

とまぁ、このように自分の中の言葉にしにくいモヤモヤした気持ちを無理やり文章にしてみるとかなり気持ちが晴れやかになります。


どうですか?

皆さんも虫眼鏡の放送部にお便りを送ってみませんか?


メールはこちらから。

mushimegane.radio@gmail.com

令和5年4月4日

CHAPTER.5

放送部員の人生相談室

OTAYORI

47

ラジオネーム「よもぎ」さんからのお便り

彼氏がリストラされました。


わたしは虫さんと同い年、彼は2つ下です。

彼はわたしと結婚するつもりで、婚約指輪を買ってくれていました。

(不器用でサプライズができない可愛い人です。いつどんな指輪を買ったのかまで教えてくれています。知りたくなかった気持ちもありますが仕方ないなと思っています笑)

指輪が手元にあることはわかっていたので、いつプロポーズしてくれるのかな〜と待っていた矢先のリストラ宣告。

彼はもちろん私もショックでした。

彼はさっそく転職エージェントに連絡し、仕事を探しています。


わたしはずっと実家暮らしのため、年下で一人暮らしの彼よりも貯金はあります。

加えて安定した職業のため失業の心配もほぼありません。

「わたしが養ってあげるから大丈夫だよ。気にせず結婚しよう」という気持ちでいっぱいですが、こんなことを言っては彼のプライドを傷つけてしまうのでは？　と思い言えていません。

放送回

虫も殺さないラジオ　#97

失業手当等も出るとのことなので「今まで頑張ったし、しばらくのんびりしてもいいんじゃないかな？　わたしのためにやりたくない仕事に就かなくていいからね。離れていったりしないから安心してね」という程度に留めています。

こういう場合、どんな風に彼と接したらいいでしょうか。

わたしの言動が、彼の負担にならないようにしたいです。

虫さんやリスナーさんの意見を聞かせてもらえたら嬉しいです。

よろしくお願いします。

これは本当にリスナーさんの意見も聞かせてほしいなと思うんですけど、僕は今のよもぎさんの対応が一番助かりますね。「わたしのためにやりたくない仕事に就かなくていいからね」っていう一言は、だいぶ心が楽になりますね。手元に婚約指輪があって、それを伝えちゃってるっていう状況で、「やばい！　でも職なしで親御さんに挨拶しに行くわけにもいかないし……」っていう中で、「とにかく何でもいいから仕事を見つけなきゃ」と焦ってしまわなくもない状況。ただ、仕事というのは本当に一生の中で一番やることなので、一番しっかり吟味した方がいいじゃないですか。結婚するために無理やり選んだ仕事で、「うわぁ〜……。全然楽しくねえじゃねえかよ」って言ったまま今後の一生を過ごすのは、プラスマイナスで見たらマイナスかもしれませんからね。

失業手当とかも上限とかあるのかもしれないですけど、意外と長くもらえたりするじゃないですか。腰を据えて、「早くも第2の人生がやってまいりました」くらいの気持ちでいさせてくれると、余裕が出るかなと思います。

で、「わたしが養ってあげるから大丈夫だよ。気にせず結婚しよう」という言葉ですが、言ってくれる分には嬉しいんだけど、分かったとは言わんかもな、僕は。「仕事ないけど、嫁さんに貯金もあるし、安定した職業だし。僕もそのうち何かしら仕事を見つけるだろうから大丈夫だろう」って言って、「ＯＫ！　結婚しよう」とは言わない気がするので、その一言は言わないでくれた方がいいかもな、僕だったら。言ってくれてもいいけど、あくまでも冗談ベースというか、「え〜、別にいいのに〜」くらいのテンションならいいけど。ガチで「いや、まじで本当に結婚しよ！」っていうテンションだと焦ります。

この時期のリストラっていうのは、おそらく彼氏さんに原因があるというよりも本当に時期が悪い、コロナが悪いっていうことだと思いますので、不運でしたねという感じになっちゃいますね。でも男としてはやっぱり、「つらい時に一緒にいてくれた」とか「支えてくれた」っていう思い出は本当にいつまでたっても覚えてるものだと思いますので、ここが女の見せ所って言ったら語弊がありますが、彼氏の「俺はやっぱりこいつと結婚したい」っていう気持ちをより強固にする期間にしていただければと思います。でももう婚約指輪買ってくれてる状況なので、ダメ押しみたいな感じになるかもしれないですけどね。

繰り返しになりますけど、僕は今のよもぎさんの対応はすごく素敵だなと思いますので、あまり暗くなりすぎず、「全然安心してね。なんてことないやん！」くらいのテンションで乗り切っていけるといいなと思います。頑張ってください。

OTAYORI

48

ラジオネーム「時雨アイ」さんからのお便り

虫さんぱないの！

私は男の人について理解できないところがあります。それは「何で男は謝れないの？」ということです。

私の彼氏はとにかく謝れません。１００％自分が悪いと理解していてもです。適当に流して話を別の方向へ持っていこうとします。

彼氏がそういう人なだけかと思っていたのですが、先日仲のいい後輩にも悪いところを指摘したところ、自分が悪かったことは理解したのに謝らずに茶化してその場を流すのです。

全ての男性がそうだとは思っていません。会社の落ち着いた同期に仕事上で同じように指摘をするとごめんと謝ってくれます。しかしプライベートな話題になり、彼女に悪いことをしたけど謝ってないとの話を聞き、外では謝れるけど親しい間柄では謝れない男性も多いのかなと感じました。

謝ってもやってしまった事実は変わらんやん？　と思う方もいらっしゃるかもしれませんが、多少の怒りであればごめんの一言で今後気をつけてねと怒りを収めることができるのです。

むしろ謝られないことでなぜ謝れないのかと別の怒りが湧いてきます。

放送回

虫も殺さないラジオ　#178

双方が多少のことには謝罪はいらない派であれば問題ないのですが、私はそうではないと伝えているので怒りが溜まる一方です。今後改善する気でいようが、少なくともその時相手に不快な思いをさせてしまったのだから謝ることは必要だと思います。私はそうしていますし、女の人はそうできる人が圧倒的に多いのです。

プライドじゃない？　という男性の友人の意見も聞いたのですが、くだらないプライドで謝らなくていい理由にするのは違うと思います。

虫さんは男性ですが、自分が悪い時にごめんと謝ることはできますか？

謝れないなら男性はどんな理由で謝らなくていいと思っているのでしょうか？

虫さんはマジで謝れないですね。自覚あり。YouTuberに向いてない。

これは僕個人の印象論だけど、「男の子は喧嘩しても次の日になったら元通り。でも女の子は一回仲間外れになったらもう元に戻れない」みたいなことよく言うやん？　これももちろんそうじゃない人もいるよ、って話ではあるんだけど、確かに「そうっぽいところあるな」って僕は感じるから、それに近い気がする。男の人は他人を嫌な気持ちにさせたりすることを甘く見てるんじゃないかなって。「自分がされても気にならないから、お前も気にならないだろう」くらいのノリでやっちゃってるんじゃないかな。女性よりも感情的・心理的な部分を軽んじてるような気がする。それも良し悪しだと思うんだけど。

あと昔国語のテストか何かですごい「なるほどな」って思った評論文があって。今でも覚えてんだけど、「人間には内と外と他所（よそ）がある」っていう言葉。人間は、「内」――本当に自分の身の回りの心許してる人――に対して、結構雑である。「外」の人――上司とか仕事で関わる人とか近所の人とか、「内」っていうほどでもないけど生活するにおいて関わらざるを得ない人――に対しては非常に礼儀正しい。で、「他所の人」――もう本当に自分が関わりようのない世界中の人々――に対しても雑である、と。「雑→礼儀正しい→雑」っていう順番になるって書いてあったような記憶がある。全然違うかも？　でもまあ僕はそういうふうに解釈しちゃった。

似たようなことがこのメールにも書いてあるけど、本当にその通りだと思う。甘えだろうね。「あなたは俺にとってずっと一緒にいる伴侶だから、こんなちょっとしたことで俺のこと嫌いになるわけないだろ。だから笑って許してくれよ、ちゅ♡」っていう甘えなんじゃない？　で、あなたはそれを聞いてどう思う？　「まあそういうことなら可愛いな。許してやるよ」って思う派なのか、「関係ねえよ、謝れよ！　カス！」って思う派なのか、どっちなんでしょうか。このメールを読む限りでは、「関係ねえよ、謝れよ！　カス！」派と感じましたけど。どう転んでも正論で考えるのであれば、謝らなくていいなんてことはないと思うので、それは謝るに越したことはないですよ。彼氏が悪いですよ、雑に扱っているので。

なのでそこはフォローしようがないんですけど、今話したような人間の傾向みたいなものを頭に入れておくと、多少は時雨アイさんの気持ちが楽になるんじゃないのかな。「またこいつは私のことを生涯の伴侶だと思って甘えてきやがってるわ」と思った上で、「うるさい！　謝れって言ってるんだろ！　カス！」っていうふうに言った方がいくらか気分がマシなんじゃないかな。「この人は本当に全く人に謝れない人間なんだ。どういう育ちをしているんだ？　いつか世間様にとんでもないことをやらかしてしまうんじゃないか？」みたいな気持ちで「謝れ！」っていうよりも多少楽じゃない。

多分なかなか謝らない人の心に共通してるのは、「あーやっちゃった。でへへ」「まったくもう。気を付けてよ」っていうくらいのやり取りが理想だと思ってるんだと思うよ。でもケジメは大切ですからね。ただの「ごめんなさい」って発語するだけのお話だったとしても、それできっちり一呼吸おけますからね。これを聞いてる男子は謝ってください。

ごめんなさい！

OTAYORI

49

ラジオネーム「うさぎ」さんからのお便り

虫さんこんばんは。私は22歳女です！

虫さんに質問です。高校卒業後ずっとフリーターでアルバイトとして働きこの先の人生も相当お金に困らない限りフリーターでいようと思っています。

学生時代精神的な病気になってから自分の心と身体と相談してマイペースに学校に通っていたり、皆で一つの目標に向かって頑張ろう！　という雰囲気が嫌いだったり、仕事より自分の生活と自分自身に時間をかけたいと思っていたり、しかし責任感が強すぎる故自分のことを二の次にして物事に没頭しすぎて気付いたら身体とメンタルがボロボロになってしまうことがあるなどいろんな意味で社会不適合者なので高校卒業してからずっとフリーターとして自分のペースで働いていて自分でもこの働き方が自分に合っていると思っています。

両親も高2からお付き合いして今年旦那さんになった彼も「うさぎにはフリーターっていう働き方が合っていると思う」と言われています。

去年お金を貯めて実家を出て旦那さん（同い年社会人）と同棲を始めたのですが、元々旦那さんは付き合っていた当初から「女に金を出されるのが嫌だ」というタイプだったので「生活費は全て俺が持つ」と言っていたのですがお金を全て男性に出させるのが私は嫌で話し合いの結果、食費と日用品のみ私が負担することになりました。

放送回

虫も殺さないラジオ　#93

先日匿名で質問ができるサイトに「高卒で結婚前から彼氏に養ってもらって、正社員経験も正社員願望もないなんて甘えすぎている」という意見が来ました。食費や日用品を負担しているとはいえ確かに養ってもらっているも同然です。しかし、それはお互い合意の上だし旦那さんは「家のことを全てやってくれていることに感謝している。お金を出させたくないのもあるけど生活費を俺が負担しているのはうさぎに対するお給料代わりみたいなもの」と言ってくれています。

正社員ではないですが国民の義務である各種税金や生命保険、自分の携帯代や自分にかかる全てのお金は自分の稼いだお給料で払っていますし、文句言われる筋合いはないと思うのです。

若くに結婚して正社員の苦労も知らずに生活していることに対する僻(ひが)みなんではないか？　とも思います。

虫さんはアルバイト（フリーター）での働き方をどう思いますか？

また、結婚前から彼に養ってもらっているも同然の状況をどう思いますか？

ちなみに、旦那さんは虫さんと性格？　や考え方や趣味（アニメ、漫画、ガンプラなど）が似ているので私が虫コロラジオを聞いていると「あー、分かるわ」とよく共感しています。

これからも虫コロラジオ、東海オンエアの動画楽しませて頂きます。長文失礼しました。

なるほど。こういうジェンダー論が絡んでくる相談になると、割と賛否両論が激しくなりますので、例のごとく僕の意見はあくまでも僕の意見と思っていただいて、皆さんは皆さんの考えをしっかり持ってほしいというお願いを先にしておきます。

とりあえずこのお便りを見て僕が思ったのは、「別に問題ないやん。匿名で質問ができるサイトの人に何か言われただけやん。そんなんやめろ」っていうくらいですね。はっきり言ってネットの意見ってろくでもないですから。顔も出さずに他の人に自分の意見をぶつけて気持ちよくなってい る人のことを気にしているなんて、それに割いてる時間とメンタルがもったいないよ、と思います。別にうさぎさんも気にしてなくて、あくまでそういう考えを持っている人がいるということに関してどう思いますかっていうことですかね？

お便りにもありましたけど、うさぎさんの旦那さんはさすがガンプラが趣味なだけあって、僕ともだいぶ考え方が似ております。僕は小学生の頃から将来の嫁さんには家にいてほしいなって思ってたんですよ。古い考えなんでしょうけど、やっぱり僕は男の人が外でお金を稼いできて、女の人が家で家事をしてくれるという分業の仕方が好きなのかもしれないです。

こういう話をすると、「女性を家庭に閉じ込めて社会に進出させないなんてクソだ！」って言われてしまいそうなんですけど、「僕の周りの女の子はみんな働きたくないって言ってますけどね」ってい つも思ってしまうわけです。働きたいという女性がいる一方で、私はできれば家で主婦してたいなって言ってる人もいるので、僕はそういう人とお互いの求めるものが一致していていいなーと思うわけです。その分男は生活に不安のないくらいしっかり稼がなきゃいけないなとは思いますけどね。

というか僕はうさぎさんがアルバイトをしていることも偉いな、と思ってしまうわ。僕はアルバイトすらしなくていいと言うか、してほしくないというか……。僕は寂しがり屋なので、「自分で使いたいお金は自分で稼ぐよ」っていう考え方はもちろん嬉しいですけど、そのお金を稼ぎに行くために会えない時間が増えちゃうのは、お互いにとって損なのではなかろうかと思っちゃう。お家（うち）でしてくれてる家事という仕事は普通に大変だと思うので、変に養われているとか感じずに自分の権利として受け取ってくれれば、こっちとしてもやりやすいなと思うんですけど……。その辺はプライドみたいなのもあるかもしれないから、なかなかこっちの気持ちだけでは何とも言えませんが、「僕が何でも決めていいよ」って仮に言われたらそうしたいなって僕は思います。

お便りに戻りますが、文句を言われる筋合いは全くないです。それぞれのカップルとかそれぞれの家庭に合った働き方や仕事の分担の仕方があると思いますので、外の人が口を出すようなことでもないと思いますし、外の人の意見を必要以上に気にすることもないのかなと思います。むしろ、「私は体とメンタルが弱いから云々（うんぬん）かんぬん」という話をするから甘えていると思われてしまうのかもしれない。私たちの家庭はこういうふうにやっているんだから、もし仮に病気がなかったとしてもこうしていきますよっていうくらいの気持ちでいた方が僕は好きですけどね。

僕を含めまだ結婚してないよ、これから相手を選んでいくよ、という方はこういったお便りを参考にして、自分とそういう考え方が合う人を選ぶと、揉めなくて済むかもしれないですね。ありがとうございます。

OTAYORI

50

ラジオネーム「マツモカ」さんからのお便り

虫さんこんばんは。29歳の女です。

虫コロラジオ、東海オンエアの動画、いつも楽しく拝聴拝見させて頂いています。

長くはなってしまいますが、虫さん、リスナーの皆さんに私が悩んでいることを聞いて欲しいです。


現在、同い歳の夫、息子2人の4人で暮らしています。

夫婦仲は良好。仕事が休みの日は息子と遊んでくれたり家事も手伝ってくれたり、優しい所もある旦那だと思っています。

しかし、感情の起伏が激しい一面もあり一度怒ると手がつけられない状態になります。

物に当たって壊したり、私に暴言を吐いたり、話しかけても無視したり。最近では、長男（4歳）がイタズラをすると頭を強く叩いたり背中を蹴り飛ばしたり。次男（1歳）の泣き声がうるさい時には、あやしたり泣き止ませる努力もせずにイヤホンをしてふて寝して放置したり。

夫も私も、親や教師からこのような体罰を受けてきた世代ではあるのですが、自分の子供にしている姿を見ると心苦しいです。

放送回

虫も殺さないラジオ　#193

普段は優しい夫なのですが、こういう一面があると離婚という考えが頭をよぎります。

でも、少し時間が経つと謝ってきたり「もうしない」と宣言したり、息子達にも優しく接してくれて良いお父さんになるのです。こんなことを1年繰り返しています。

お互い落ち着いてから2人で反省会をして夫に注意はするのですが、また起こってしまうのが現状です。

人間、完璧な人はいないだろうし、こんな私と結婚してくれた夫には感謝しています。

いつもは温厚で優しいことは間違いないのですが。

夫の怒る頻度が増えてしまったら……万が一、子供達に怪我を負わせてしまったら……と考えると、距離を置くことも必要なのかと悩んでいます。

虫さんだったら、こんな人に対して何て言いますか？　離婚もしくは別居するのが正解だと思いますか？

このような経験をされたリスナーさんがいましたら、コメント欄もしくはチャットで教えて頂けると助かります。

長文失礼しました。

これからもお体に気を付けてご自愛ください。

東海オンエア、虫も殺さないラジオ、応援しております。

言いたいことはわかるというか、僕自身、親には殴られて育てられたので、「まあこういうことなくはないよね」くらいの気持ちになるのもわかるんですけど、いま自分でお悩みを文面にしてみて、そして僕に読み上げられて、「あれ？　ちょっとやばくないか？」って思いませんでした？　僕も普段「別れたほうがいいんじゃない？」みたいなことは安易に言わないようにしてるんですが、これはアウトなんですよ。僕は暴力は有無を言わさず絶対NG案件だと思ってるんです。

百歩譲って、高校生男子の頭をひっ叩(ぱた)くとかそのくらいならいざ知らず、4歳と1歳でしょ？　4歳の頭を強く叩いたり背中を蹴っ飛ばしたりっていう行為、29歳から見ても強く叩いてるなって思うわけでしょ？　それ、4歳からしたらどういう衝撃だと思う？　今、偶然当たりどころが悪くなくて生きているだけだと思うよ、それ。

これで子供が死んじゃいました、警察が来ました、って時に、マツモカさんも「なんであなたは止めなかったんですか」って言われます。おそらくこのメールには書いてないだけで、止めてるんじゃないかなと思うけど、まず旦那さんがそういう状態になっちゃったら、自分が代わりに殴られてもいいから子供だけは死守しないと。などと子供のいない私が言っておりますが、恐らく子供をお持ちの皆様はそうおっしゃるんじゃないかなと思っています。

強い言葉を使っちゃったかもしれませんが、問題はこれからですからね。とりあえずこのメールの内容を鵜呑みにして、今この瞬間、「虫さん、どうしたらいいと思いますか」って聞かれたら、僕は「とりあえず別居しましょう」とは言いたくなっちゃいます。旦那さんがどれだけ悔い改めてて改善の見込みがあるとしても、暴力っていうのは一発で全てを壊しちゃいますからね。言葉遣いが悪いとか、怠惰だとか、そういう他の悪癖と違って一発退場なのはそれがあるから。子供を突き飛ばして、よろけて、たまたま机の角に頭ぶつけちゃったら、それで死んじゃうかもしれない。とりあえず最悪の想定をして動かなきゃいけないです。

旦那さんも冷静な時は冷静に考えられるわけだから、「今のあなたのそばに子供たちを置いておくのが怖いです。ちょっと距離を置かせてもらいますわ」ってなった時に、「なんでだよ！」とは言えないはず。一旦それくらい思い切ったことをしないといけないような気がする。でもって離婚するかどうかはマツモカさんが考えてください。

僕は結婚したら絶対離婚したくないなっていう考えを持っている人間なんですけど、暴力に関しては例外にあたるというか、身を守る、命を守るために仕方ないことなのかもなとは思うんですけど……。その決断だって、「お父さんから離れてよかったね。めでたしめでたし」っていうわけじゃない。お父さんがいなくなっちゃうというデメリットがあるわけだから。一番都合のいい青写真を描くとするのであれば、「一旦今は別々で暮らす→旦那猛省→もう二度としないから一緒に暮らしたい→最後にもう1回だけ信じますよ→そしてもう1回一緒になる→仲良し」っていうのが理想だとは思うんだけど、そのタイミングとか決断は見誤らないようにしてください。

マツモカさんは人間誰しも不完全、完璧な人間なんていないってことをわかってるから、器が大きく夫に対して考えてあげられてる部分があるのかもしれないけど、一旦「自分は許せるな」っていう考えじゃなくって、子供ファーストで、子供の環境としてどうなんだろうっていう目線で考えてあげてほしいなと思いました。

OTAYORI

51

ラジオネーム「マツモカ」さんからのお便り

虫さん、こんばんは。

虫コロラジオ第193回の放送で、夫の暴力についてのお便りを送らせてもらったマツモカです。

またしても長くなってしまいますが、読んでいただけたら幸いです。

ラジオでお便りを読んでいただきありがとうございました。

リアタイはできなかったのですが、6日の夜中にラジオ聞きました。

まさか読んでいただけるとは思っていなかったので驚きました（笑）。

誰かに話を聞いて欲しいけれど実際話せる人はいないし、文章にして気持ちを吐き出したいという一心で送らせてもらったお便りでした。

虫さんが丁寧に言葉を選んで発言してくれたり、否定するだけではなく共感もしつつ間違いはきちんと指摘してくれたり、聞いていて涙が止まりませんでした。

誰かに打ち明けられた安心感と気持ちを受け止めてもらえた喜びで胸がいっぱいでした。

相談に乗ってくださりありがとうございました。

コメント欄やチャットでリスナーの皆さんも色々助言してくださったり息子達のことを心配してくださったり。

放送回

虫も殺さないラジオ　#194

ご自身の辛い思い出を教えてくださったり。

真摯に向き合っていただけて嬉しかったです。

本当にありがとうございました。

私のせいで昔の辛かったことを思い出させてしまったり、現在も苦しんでいる方に嫌な思いをさせてしまいすみませんでした。


今後、私達家族がどのような道を辿るかは分かりませんが、子供のことを第一に考え、息子達が笑顔でいてくれる形に丸く収まるといいなと思っております。

解決した時にはまたお便り送らせていただきます。

その時はまた読んでいただけたら幸いです。


寒さが厳しくなる時期ですし毎日忙しいと思うので、より一層ご自愛ください。

虫さんも幸せな日々を送れますように……。

エンディングトークの代わりに、1通お便りを読ませていただきます。

みんなに「ありがとう」だって！

本当に僕もこのチャンネルのコメントとか、プレミア公開した時のチャット欄とかを見れる時は見ていますけど、あったかいなあと自分のチャンネルながら感心しております。

みんな自分の言いたいことを言ってるというよりも、本当にお便りを送ってくれた人に向けてコメントを書いてくれてる気がして、僕はそれがすごい嬉しいですね。

本当に皆さんのコメントも含めてこのチャンネルの魅力だと思っているので、本当にありがとう。そして今後ともよろしくという感じでございますね。

何かいいことを喋ってしまったので、このいいこと言ったテンションのまま今日はさよならしたいと思います。

お相手は東海オンエアの虫眼鏡でした。おやすみなさい。

おわりに　虫眼鏡部長からの謝辞

この文章を、講談社の方々が一生懸命チェックしてくださったり文字組みを考えてくださったりすると思うと少し申し訳ない気持ちになりますが、基本的に東海オンエアのメンバーがしている個人活動の優先順位はそんなに高くはありません。

何をおいてもまずは東海オンエアの動画制作。余力があればお好きにどうぞのスタンスです。

僕個人のＹｏｕＴｕｂｅチャンネル「虫眼鏡の放送部」も例に漏れず、「ラジオ形式だったら毎週ネタを考えなくて済むからそんなに労力かからないな」という安易な考えから始まりました。あと「ＹｏｕＴｕｂｅは動画配信プラットフォームなのに動画じゃなくて音声だったら尖っててカッコいいかも」というちょっとしたイキりもあったことは否定しません。

それだけ優先順位を低く、言葉を選ばずに言えば「適当に」続けている「虫眼鏡の放送部」ですが、ひとつだけ部員の皆さんにルールを守ってもらうことにしました。

（今さらですが「部員」っていうのはチャンネル登録をして聴いてくれている人のことです）

それが「人にはヒトの乳酸菌」です。

マジレスすると「人が10人いたら10通りの考えがあるよ」っていう意味です。ビオフェ○ミン製薬のコピーライターさん、勝手に流用してごめんなさい。

僕も毎週、皆さんからのお便りをたくさん読んでいるうちに自然とそう思えるようになってきたのですが、その10人の10通りの考えはほとんどの場合どれも一理くらいはあるんですよね。中には「三理」くらいありそうな素敵な考え方もあるんですが、だからと言って「それが正解！みんな改めよう！」ということだけは絶対にしたくなくて。いろんな視点から見たそれぞれの「一理」を尊重できるようになりたいね、というテーマでこの「虫も殺さないラジオ」をここまで続けてきたつもりです。

書き下ろしエッセイの中でもすこし触れましたが、別に僕はなにかの専門家でもなければ120歳の経験豊富すぎジジイでもありません。あくまでも「僕はこう思いました」と言うだけのメガネです。

この本を最後まで読んでくださったところたいへん申し訳ありませんが、「勉強になったなぁ」「今後の生活に活かしていきたいなぁ」と思えるような含蓄のある言葉は特になかったと思われます。

でも、「ふ～ん、こんなこと考えてる人間もいるんだ」くらいのことは思いましたよね？

それです！

誰かにそう思ってほしくて僕は毎週「虫眼鏡の放送部」を更新したり、この本を出すことにしたりしたのかもしれません。まぁ喋ってるときはそんなこと考えてませんがね……。

さて、文字数も迫ってきたのでおしまいです。
これがついに虫眼鏡先生が筆を折る瞬間（笑）なのか……！
はたまた、この「虫眼鏡の放送部エディション」も続編が出るのか……⁉

とりあえず来週から読み終わったメールは別のフォルダにしっかりと保存しておくようにします。

謝辞を書いてる余裕なくなっちゃった。
講談社さんと読んでくれた皆さんありがとう～。

令和5年3月30日

虫眼鏡（むしめがね）

1992年（平成4年）、愛知県岡崎市生まれ。愛知教育大学教育学部を卒業後、小学校教員を経て、愛知県岡崎市を拠点に活動する6人組YouTubeクリエイター「東海オンエア」のメンバーとして活動中。著書に、動画概要欄に書き連ねたエッセイを書籍化した『東海オンエアの動画が6.4倍楽しくなる本 虫眼鏡の概要欄』シリーズ、『東海オンエア虫眼鏡×Mリーガー内川幸太郎　勝てる麻雀をわかりやすく教えてください！』（共著）があり、動画以外にも活動の幅を広げている。

東海オンエアの動画が6.4倍楽しくなる本・極

虫眼鏡の放送部エディション

著者　虫眼鏡

2023年5月31日　第1刷発行

発行人　森田浩章
発行所　株式会社講談社
〒112-8001 東京都文京区音羽2丁目12-21
電話　編集 03-5395-3730
販売 03-5395-3608
業務 03-5395-3615

デザイン　柴田ユウスケ、吉本穂花（soda design）
イラスト　吉本穂花
DTP　狩野蒼（ROOST Inc.）
製版　株式会社KPSプロダクツ
印刷　凸版印刷株式会社
製本　株式会社国宝社

ISBN978-4-06-532036-5
N.D.C. 913 191p 20cm　Printed in Japan